大樂文化

大樂文化

大樂文化

TOP 6% 成功者都在實踐的

貪心工作術

刻意養成 33 個習慣，
啟動「速度快又品質好」的高績效循環！

鳥原隆志◎著 **童唯綺、黃瓊仙**◎譯

仕事のスピードと質が同時に上がる 33 の習慣

CONTENTS

第3章

溝通壓力大？學會以「傳達率50%」為原則 113

第4章

忙碌永無止盡？用「矩陣」來管理進度……153

後記

推薦序
捨得，才能成就高效

時間管理講師／幸福行動家創辦人　張永錫

請各位猜猜看，在一百個上班族當中，幾個人能夠正確判斷事情的優先順序與輕重緩急，被稱為頂尖工作者？

本書作者鳥原隆志根據一萬個實際樣本，告訴我們答案是六％的人。並且寫出三十三個工作習慣，傳授我們成為高效工作人士的方法。

一開始，作者舉出幾個時間管理的誤區，讓我們理解：「喔，原來頂尖工作者是這樣思考問題！」

舉例來說，他在習慣一中提到，每天起床第一件事要先決定「今天不做的事」。初讀到這段話，真令人拍案叫絕。

長期以來，我一直用列清單的方式整理「今天要做的事」，沒想到可以列出「今天不做的事」。閱讀本書後，我參考其中的做法，今天列的是「不要和老婆鬥嘴」，明天列的是「不要加班」，相信這麼持續下去，一定能夠提升工作與生活品質。

其次，習慣三指出，成功人士不問「該帶什麼」，而是「不帶什麼」！作者的公事包薄得只放得下筆電、兩本雜誌、一把雨傘，輕薄地令人驚訝。

作者也揭露公事包要輕薄的三個原因：首先，囤積太多文件會造成攜帶不方便，將重點整理成一張或兩張A4紙即可。

而且，會議所發的文件幾乎不會再使用，過多文件還會造成生產力下降，因此作者會直接和對方公司說公事包容量不夠，不帶走資料。最後，輕薄的公事包讓他能不費力地奔走各家公司。看到這裡，各位是不是都和我一樣，想要買一個超輕薄的公事包了呢？

書中還有許多令人眼睛一亮的好方法，是作者多年工作或講師生涯中深刻的體悟。例如，習慣十的「剪刀石頭布理論」。首先要先出布，讓團隊同仁隨意發想各種點子；接著出剪刀，代表用剪刀修剪、裁掉不需要的提案；最後出拳頭，意指全力執行及實踐。

我也很喜歡習慣十三所介紹的「粗體字概念」，身為講師常常要製作投影片，總是以粗體字特別標示最重要的文字。作者則是在寫書時，先決定標示為粗體字的內容後，再開始寫文章的其他部分，因為粗體字代表最想傳達的內容，且減少多餘的贅述，能讓內容變得更加簡潔有力。

此外，作者認為演講時不用帶入過多感情，反而要把自己想傳達的事物具體化，讓發言句句有份量，大家更容易專注傾聽。

我的著作《不成功，因為你太快》，講述我如何每天利用五分鐘寫日記。作者鳥原隆志也在習慣二十七提到，他每天會花五分鐘回顧一天。這是一個好習慣，因為人們常常會忘記，所以應該用記錄代替記憶（習慣十五），才能讓自己不貳過。

最後，習慣三十一介紹在有限時間內去蕪存菁的方法，也就是列出三件今日要事。我每天寫完日記後，會緊接著列出三件今日要事，並製作當日計畫，自然能達成工作目標，這個方法也提供大家參考。

《TOP6%成功者都在實踐的貪心工作術》包含三十三個習慣，內容扎實。推薦給想成為頂尖工作者的你。

前言

縮短時間一定會犧牲品質？其實，你可以魚與熊掌兼得！

選擇拿起本書的讀者應該都認為，如果追求工作品質，需要耗費大量時間。相反地，若一味追求工作速度，則會導致工作品質下降，因此工作的「品質」與「速度」無法同時提升。

不過，我在此先申明結論：**工作的速度與品質能夠同時提升**。

我經營的籃中演練研究所，主要以管理職的商務人士為對象，提供「籃中演練遊戲」作為培訓內容，學員要在有限時間內扮演設定好的角色，處理各式各樣的案件。

透過培訓課程，我分析超過一萬名商務人士的行為數據，解開了短時間內提升工作品質的思考機制。

根據數據資料，一萬人當中只有六%具備頂尖工作者的思考，而本書就是以這個思考機制為基礎，介紹三十三個工作習慣。

閱讀本書就會理解，這三十三個習慣都能迅速付諸實行。就連我本身、我的員工都在日常生活中加以實踐。只要養成這些習慣，任何人都能自然而然地同時提升工作的速度與品質。

現今，社會正在高呼改革工作方法。拿起這本書的讀者應該有許多人被公司要求，盡量減少加班並提高工作成果吧？

或許各位和過去的我一樣，總是煩惱：「如果縮短工作時間，很難達到現在的工作成果。」衷心盼望本書能對讀者有所幫助。

WORKING NOTE

/ / /

序章

分析 1 萬人的行為數據，破解「又快又好」的密碼

決定優先順序其實並非考量先從哪項工作開始做起，而是思量「哪項工作應該做，哪項工作不應該做」。

小職員只需重視技術？小心陷入「管理知能階段論」的迷思

大家有聽過「管理知能階段論」嗎？

這個理論是一九五五年由哈佛大學的教授羅伯特・卡茲（Robert・Katz）所發表，主要探討管理者應具備的技能。簡單來說，就是將工作必備的技能大略分成三大項，分別是技術能力、人際能力及概念能力。這三項能力的重要性，將隨職位的升遷而變化。

從下頁的圖表可知，最下層的基層主管與上層的中、高階主管相比，需要較高比例的技術能力，而職位愈高，所需的技術能力比例會隨之降低。相反地，管

何謂管理知能階段論？

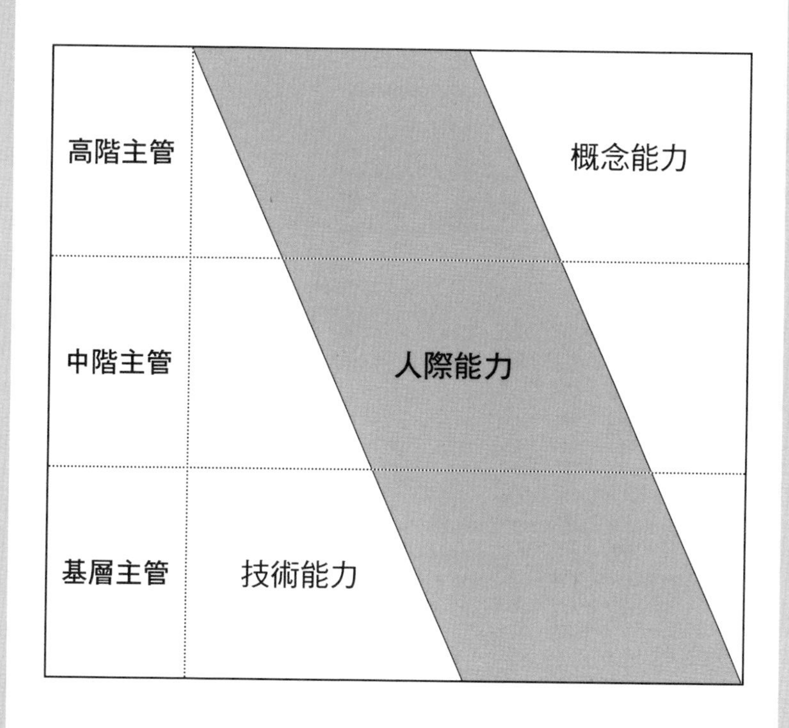

工作必備的技能可分為三大類：

・技術能力（Technical Skill，簡稱 TS）
・人際能力（Human Skill，簡稱 HS）
・概念能力（Conceptual Skill，簡稱 CS）

這三項技能的重要性，會隨職位的升遷而有所變化。

理位階愈高，則必須具備更高的概念能力。

那麼，技術能力、人際能力、概念能力分別為怎樣的能力呢？事實上，許多人都誤解這個理論而掉進陷阱當中。首先，向各位介紹這三項能力的涵義。

第一項為**技術能力**，**指的是工作上應具備的專業知識技術**。例如：運用電腦、記住商品詳細知識等能力。

第二項為**人際能力**，**又稱為待人接物能力**，**指的是與周遭相關人員保持良好的人際關係**。將想法傳達給對方，或是發表簡報、展示提案等，都屬於這項能力的範疇。

第三項為**概念能力**，**又稱為概念化能力**，**也就是解決及判斷問題的能力**。

一般來說，企業不會太過要求普通職員掌握大型決策的能力，而是較重視基本作業的能力。另一方面，董事長或經營者與其將商品知識倒背如流，更應具備從大方向思考的能力。

綜合以上所述，卡茲教授提倡：愈上層的主管愈得具備解決問題的能力，而非專業知識和技能。

那麼，大家容易掉入的陷阱又是什麼呢？從結論來說，即使是一般職員，若想要提升工作效率和品質，比起技術能力，更應該鑽研和磨練概念能力。

技術能力會隨經驗累積而提升，不太會有個人差異存在。大部分的人為了提升工作效率，都會想學習製作 EXCEL 試算表及 POWERPOINT 簡報等電腦技能，但實際上，對工作效率和品質造成深遠影響的卻是概念能力。

工作筆記

即使是一般職員，若想要提升工作效率和品質，比起技術能力，更應該鑽研和磨練概念能力。

94%的人無法正確決定：什麼事該做、什麼事不該做

雖然概念能力很重要，不表示應該一味致力於擬定經營策略，或是解決部門單位中的大規模課題。一般職員應鑽研的概念能力，是訂定自己的工作優先順序。

也許有很多人會認為「工作前先決定優先順序」是老生常談，而且幾乎所有人都知道，要先決定優先順序再開始工作。

然而，分析一萬名受訪者的行為數據後，**發現能正確決定優先順序的人只佔全體的百分之六**。其他大部分的人即使打算為工作訂定優先順序，實際上卻沒有

確實執行。

為什麼會出現這種結果？因為大多數人都不知道如何正確地決定優先順序。我自己剛進入社會時，也不能理解這件事，而認為決定工作優先順序就是決定經手工作的順序。

那時，我以為工作訂定優先順序，指的是若接到主管交辦事項或是客訴，應先暫緩手邊的工作，以主管或客訴為優先。

其實，決定優先順序並非考量從哪項工作開始做起，而是**思考「哪項工作應該做，哪項工作不應該做」**。

工作筆記

決定優先順序並非訂定經手工作的順序，而是思考「哪項工作應該做，哪項工作不應該做」。

希望全部工作都完美達標？其實，你應該先問自己……

能夠正確決定工作優先順序的人僅佔六％，並被周遭稱為頂尖工作者，大家身邊或許也有這一號人物。這些人身上有個共通點，就是擁有**「取捨選擇」的觀念**。

在頂尖工作者的腦子裡，不會有以下的概念：

「必須完成所有的工作。」

「每一項工作都要完美達標。」

相反地，他們會自然而然地**將工作分為「應該做」與「不做也無妨」兩大類。**

我在大學授課時，讓大學生接受籃中演練的測驗，而發現在決定優先順序這個題型中，大學生獲得的分數高於企業的管理及領導階層。

由此可推判，許多商務人士在進入社會之前，都能針對「哪些應該做、哪些不做也無妨」的問題進行取捨。然而，就業之後，許多人卻被「一定要完成所有工作」的魔咒套住，造成決定優先順序的能力愈來愈低落。

無論是多麼厲害的商務人士，每個人一天都只有二十四小時。個人的事務處理能力沒有太大的差異，唯一的不同在於工作的取捨與選擇。

也就是說，**只要能夠正確地取捨與選擇工作，人人都可以成為頂尖工作者。**一旦認定「必須完成所有的工作」、「每一項工作都要完美達標」，就會有永遠做不完的工作。

世上一切事物的判斷，都有正反兩面。以下舉飯店提供的自助式早餐為例。

假設有人被自助吃到飽的早餐服務誘惑，認為必須盡量多吃一點才划算，便會盛裝大量食物到自己的盤子中。

然而，若將「必須盡量吃」的想法翻轉為「不吃也沒關係」，可能就會改變行為模式，只盛裝適量的食物。工作也是相同的道理，為了防止工作上的消化不良，應該考量「什麼是該做的」，並將這個問題當作取捨與選擇的判斷材料。

直到今日，我仍常常反省自己是否承攬過多工作，因為我經常不小心陷入「這個也想做、那個也想做」的迷思中，尤其是面對全新挑戰的工作時，總是想要盡量完成。每當我腦海浮現這種想法，都會先停下來問自己：

為什麼要做這項工作？

舉例來說，若有某家出版社邀請我寫一本書，而我也饒有興致地想嘗試看看，那麼我一定會先捫心自問：「寫這本書的意義何在？」如果腦中浮現的第一個回答是「總覺得好像很有趣」，就會回絕這項工作邀約。

「總覺得」這個詞語簡直就像黑洞一樣，具備吸收、接納一切的力量。因此，當我想回答「總覺得」時，就決定不承接這項工作。事實上，**日常生活中因為「總覺得」而做的事情和行動不計其數**，例如：「總覺得想收發電子郵件」、「總覺得應該持續這個習慣」等等。

提升工作效率與品質的第一步，就是從自己的待辦事項中，排除掉因「總覺得」而做的行動。

工作筆記

一旦心存「必須完成所有的工作」、「每一項工作都要完美達標」，就會有永遠做不完的工作。

刻意養成33個習慣，你就能成為6%的頂尖成功者

在我舉辦的培訓課程中，會讓參加的學員玩一項名為「籃中演練」的商務遊戲，內容為在有限的時間內，化身為設定好的角色來處理各式各樣的情境案件。參加的學員透過這項遊戲，能確實察覺到自己日常生活中的行動及思考習慣。

前言中提過，至今為止已有超過一萬名主要為管理職的商務人士，進行過籃中演練的商務遊戲。我分析這一萬名商業人士的工作行為數據後，發現頂尖工作者僅佔全體的百分之六，並且明確地歸納出他們共同具備的思考模式。

正如前文所述，這種思考模式就是「先正確決定優先順序再開始工作」。那

麼，能夠正確決定優先順序的人在日常工作中有哪些具體行動呢？

接下來，將為各位介紹頂尖工作者的三十三個習慣，分成「工作開始前」、「工作進行方式」、「溝通技巧」、「時間管理」四大主題。另外，請容我再申明一次，工作技巧本身沒有太大的個人差異。

假如工作時間皆設定為早上開工、傍晚收工，工作能力強和不怎麼樣的人，在工作方式上其實沒有太大差異。因為兩者在工作時都要和其他人溝通，或是製作文件等。所以，沒必要大幅改變自己的做法，或是模仿他人的特殊行動。

各位只要繼續往下閱讀就會明白，**頂尖工作者和一般人的差異，其實在於思考習慣**。因此，只要偷學並模仿這些習慣就行了。

請各位閱讀完本書後，在日常工作中養成這三十三個習慣，如此一來，你應該會在不知不覺中，搖身一變成為頂尖工作者！

工作筆記

頂尖工作者的習慣比起其他人，只有在思考習慣上有些微不同。因此，只要偷學並模仿這些習慣就行了。

WORKING NOTE

/ / /

第 1 章

到公司的第一件事，先決定「今天不做什麼」

我們的時間和體力都有限，不得不決定運用它們的優先順序。
換句話說，若能改變分配時間和體力的方式，過去做不到的事也會漸漸做得到。

習慣1 每天起床後第一件事，決定「今天不做什麼」

我在早上起床後、開始工作前，總會幫自己打氣：「今天也要加油！」或許大家也有這個習慣，不過我有一個稍微不同的地方：**我不會想「今天可以完成多少事情」，而是先考慮「今天不做什麼事情」**。

我的上班時間為早上八點之後，一早我會先在網路上搜尋「籃中演練」的關鍵字，接著查看出版作品的銷售量和郵件，然後安排當日的計畫。

我訂定計畫的時間大約為十分鐘左右，可能會有人懷疑，真的能在這麼短的時間內，訂定一天的計畫嗎？

其實，我早就預定好以週為單位的每日待辦事項，因此訂定當日計畫時，我只將重點放在「決定不做的事」。不過在這個階段，大腦時常會浮現許多事情來擾亂計畫，例如：

「要是再不看同行作者送來的書，對人家很不好意思。」
「想仔細閱讀感興趣的展覽會邀請函，確認能否出席。」
「必須確認部屬漏洞百出的報告書。」

但如果將在意的事情全都攬在身上，這些事情便成為「不得不做的工作」，於是只能深鎖眉頭、咬緊牙關去處理。

人類本來就有無窮無盡的欲望，我自己在工作上也有不小的野心，總想涉獵形形色色的工作。舉例來說，當我受邀去沒造訪過的地區演講，或是挑戰沒嘗試過的書籍企劃時，總是二話不說，立刻承接。

因此，若不好好考慮「不做什麼」，只是一味承接過多的事情，會導致效率不彰。此時若又想加緊腳步，恐怕會造成工作品質低落，陷入「苦工地獄」的惡循環中。

相反地，若在心中想好「不做什麼」，工作量就會減少。不僅能有效提升各項工作的效率，還會連帶提高品質。也就是說，**一心想著「要做什麼」會讓工作量增加，若考量「不做什麼」便能減少工作量。**

事實上，我們所處的工作環境中，原本就很容易讓工作愈積愈多。很多人看到堆積如山的未處理郵件時，應該都會想盡快處理。當工作量嚴重累積到一定的程度時，就心想非完成所有事情不可。

讀者現在閱讀的拙稿，是我在撰寫階段中，決定一天要創作多少字數而累積完成。人們容易在有餘力時，認為應盡可能多做一些工作，但我覺得最好在達成當日目標時見好就收。這是因為在超前處理某項工作的進度時，也確實投入時間和心力，代表著可能會連帶影響到其他重要工作的進度。

工作筆記

若不考慮「不做什麼」，只是一味承接過多工作，會導致效率不彰。此時若又想加緊腳步，恐怕會使工作品質愈來愈低落，陷入惡性循環當中。

習慣2 只使用一個抽屜，才能立刻取得必要物品

下班時，我通常會打開抽屜，拿出名牌帶在身上。我的抽屜中除了放置名牌，還有名片、幾支原子筆，以及透明文件資料夾，和大家抽屜裡的東西應該沒有太大的差別。

不同的只有抽屜的數量，**我特意將文件和物品都放進同一個抽屜裡**。減少抽屜數量後，更容易找到東西，而且抽屜只需半年整理一次，不會花太多時間。

但其實我是個天生不擅長整理與收納的人，以前書桌上堆滿各種文件，抽屜中的文件甚至多到讓抽屜難以打開。某天，我終於發現收納與整理文件的想法在

根本上有問題。

我擔任某連鎖超市的企業顧問時，曾為一家因業績不振而關店的門市善後，結果發現門市中有個紙箱，裡頭堆滿各種分析文件及報告書，其中包括完成度高的企劃書及提案書，還有看不懂上面寫什麼數字的資料。

連鎖超市的門市幾乎不需要製作文件資料，多半是針對文件內容付諸行動。不過，我發現業績愈是不振的門市，堆放愈多文件，因為將時間花在製作文件，就無法到賣場工作，相對地便壓縮接待客人和製作商品的時間。

這個道理不只適用於零售業，其他行業也是如此。我曾聽聞，倒閉的企業往往有文件、海報過多的問題。相反地，我拜訪生產力高的企業時，則對於他們用紙量很少感到驚訝不已。

之前我曾住過某家商務旅館，並請櫃檯幫忙運送行李。櫃檯人員四處摸索，似乎是找不到測量行李尺寸的量尺。這家旅館的房間舒適又整潔，但這個小插曲令人感到有些遺憾。

之後，我住在別家旅館時，同樣請櫃檯幫忙運送行李，他們迅速處理的速度令我印象深刻。

我仔細回想兩家旅館的差別，發現第二家的櫃檯比較整齊，而且抽屜數量比第一家少。

這麼做可能是刻意不讓物品堆積，因此能在真正需要時，立刻拿到重要的物品。也就是說，遇到事情能隨時俐落地對應。從上述例子會發現，**只要減少抽屜的數量，工作的效率和品質便能倍增**。因為就提高生產力而言，紙類可說是一大妨礙物。

我們只要看到有收納空間，常誤以為把東西堆放在那裡就好。**然而，若習於這種想法，就不會做出「丟棄」的判斷**。因此，最佳解答應該是「一開始就不要設立收納空間」。一旦沒有收納空間，就不得不做出丟棄的判斷。

不擅長丟東西的人有個特性：只要哪裡有抽屜就往該處堆放，即使是不會使用到的物品，只要有千分之一會用到的可能性，就先保管起來。於是，慢慢地堆積大量可能需要的東西。

因此，一開始就要減少抽屜的數量，並養成分類的習慣，將所有東西逐一分為「需要的物品」與「不需要的物品」。

工作筆記

我們只要看到有收納空間，就常誤以為把東西堆放在那裡就好。但是，若習於這種想法，就不會有「丟棄」的判斷出現。

習慣3

成功者的皮包都很輕便，因此能迅速展開行動

在通勤或外出之際，我使用的公事包附有肩揹帶，內部有一個夾層而分成兩個部分，側面設有小口袋，我會放入折疊傘。

到目前為止和各位應該沒有什麼不同，不過我對於公事包的輕薄度非常講究，裡面只放得下一台筆記型電腦和兩本雜誌。我絕不是因為在意外觀，才特意選擇這麼薄的款式，而是為了將容納量控制在最小程度。

在培訓教育業界，紙類扮演不可或缺的角色。舉凡培訓課程的日程表、簡介手冊或企劃書等等，紙類的需求非常龐大。因此，許多人使用較為厚重的公事

包，若公事包還是放不下，有時還另外使用手提袋。

話說回來，我不使用厚重公事包有三個理由。

1. 為了避免製作過多不必要的文件資料

以前我只要有簡報發表或會議，就會攜帶像電話簿一樣厚重的資料，而在製作那些資料時，也耗費我不少時間和心力。不過，我後來終於注意到，那些厚重的資料當中，大部分只是自我滿足。

在商談過程中，與其針對桌上陳列的一大堆資料進行說明，不如好好看著對方的臉交談，只要把重點整理成一到兩張的A4文件就足夠了。這樣一來，不但能讓對方更理解內容，自己也更容易將想法傳遞給對方。

2. 為了避免增加文件的數量

在進行商談或會議時，常會收到對方發來的資料。不過，會議後我幾乎不會再拿起來閱讀，往往直接收納到平常不太會用到的抽屜裡。

就如前文所說，文件是造成生產力下降的最大敵人。為了不要增加文件的數量，從根源開始減少才是治本的對策。

然而，在可以將文件帶走的情況下，即使知道日後用不到，還是會為了保全對方面子而收下全部的文件。這時候，「公事包放不下」就可當作一個很好的推辭藉口。

由於收下對方的公司簡介也幾乎不會再次翻閱，為了避免囤積過多文件，可以開門見山地向對方說：「請留給其他有需要的人」，並鄭重地回絕。一開始，我擔心這麼說會讓對方感到不高興，不過至今為止，從來沒有人覺得不愉快而向我投訴。

3. 為了讓行動更敏捷

輕薄型公事包的賣點就是輕盈，所以人們能敏捷地行動。如果公事包很厚重，行動會被牽制住，變得很麻煩；相反地，若公事包很輕便，在市場行銷時，能不費力地往返奔走於各個商業設施，若有時間還能到書店逛逛。為了避免行動受限，請不要攜帶太多東西，這是有效提升行動速度的秘訣。

以上這三個優點，會影響所有工作的效率和品質。我也發現到，攜帶輕便型公事包的人在說明時正中核心，若被拜託幫忙，也能迅速地展開行動。另一方面，將公事包塞得鼓鼓的人說話內容往往過於繁雜，無法清楚地傳達想法，甚至流於只做表面功夫。

事實上，決定優先順序的關鍵在於捨棄，最重要的不是考慮「要放什麼東西」，而是「不放什麼東西」。

工作筆記

攜帶輕便型公事包的人，在說明時相當正中核心，若被拜託幫忙，也能迅速地展開行動。另一方面，公事包塞得鼓鼓的人說話內容往往過於繁雜，無法清楚地傳達想法。

習慣4

別為細節耗盡心力，就能在重大時刻使出全力

我早上晨跑時會換上運動服，每天都穿相同的款式。雖然這會隨著季節改變而有所調整，但基本上只分成冬季和夏季兩種，而且我只花短短幾分鐘換裝。

慢跑完後，我會換上西裝。基本上，襯衫和西裝外套每天會從衣架的右端依序替換，領帶則是固定兩種顏色。因此，我每天早上換衣服只需要幾分鐘即可完成，**養成這個習慣是為了盡可能不浪費時間和心力。**

有人說**商務人士一天下判斷的次數超過一萬次**，而在這些判斷當中，大部分都是用於「選擇」。我們總是在不知不覺當中，被選擇耗費掉不少寶貴的時間和

心力。

舉例來說，決定錄取人才的五分鐘，其花的時間和心力，和決定午餐的五分鐘相同。因此，若能讓時間和心力集中在更重要的決策上，有助於做出更高效率、高品質的判斷。

首先，我們從時間上考量，情境設定為早上起床、換衣服至出門為止。如果不停考量襪子要穿哪一雙、上衣要挑哪一件，在選擇上便會耗費不少時間。因此，我會在睡前先決定明天要穿哪一套衣服。說得極端一點，如果每天都穿相同的服裝，就再也不會感到煩惱。

工作也是相同的道理。同樣的工作，有人的速度很快，有人卻花了大量時間。為什麼他們花的時間不同呢？

就如前文所述，人們的事務處理能力並沒有太大差別，**工作速度慢的原因在於思考的時間過長**，而且大部分都是消耗在沒必要考慮的事情上。如果能縮短這部分的時間，在工作效率上會有令人驚訝的大幅提升。因此，明智的做法就是：

不要想得太多。

接著，我們討論投入勞力的問題。花力氣會聯想到肌肉用力，若將思考需花費的心力也想成肌肉用力，應該比較容易理解。不論是肌肉還是思考，都是消耗愈多、感到愈疲累，若使用程度超出身體能承受的界限，就再也使不出力。

在長距離馬拉松競賽中，幾乎沒有人在起跑時就全力衝刺，因為這樣很容易半途耗盡所有力氣。所以大多人特意不使出全力，採取一邊保留體力，一邊繼續跑下去的模式。

判斷力和解決問題能力也是相同的道理。若過度深究細節，當然會感到筋疲力竭。而且，到了需要做出重要判斷時，就無法使出全力。因此，平常最好將判斷力好好儲存起來。

因為我們的時間和體力都有限，不得不決定運用它們的優先順序。換句話說，**若能改變分配時間和體力的方式，過去做不到的事也會漸漸做得到。**

此外，我個人還有個習慣：在培訓課程中，光是解答學員的疑問、分配時間、意見回饋等，就要耗費相當多的心力，因此我在踏進培訓課程的教室前，絕不進行商談或接受他人諮詢，以盡量不在思考上耗費心力。這樣一來，就能在有限時間內，創造出最大的品質。

希望各位不要誤解，「選擇」的行為本身並沒有錯。雖然我一直以來，不怎麼看重服裝和午餐的選擇，但對於出差下榻的旅館則有自己的堅持，例如：喜歡選四方形的房間、希望旅館裡有附設酒吧等。也許對其他人來說，這些堅持根本不是重點。

請容我再次重申，**能分辨對自己而言哪個重要、哪個不重要，並判斷是否需要的能力，才是關鍵重點。**因此，很在意服裝的人不妨盡情煩惱該選擇什麼服裝。

然而，選擇本身也需要有所取捨。因為選擇不但花時間，更會花費力氣，綜合以上敘述，為了提升工作效率與品質，專注和選擇是必要條件。

簡單來說，篩選出對自己而言重要的事情，並將心思集中在這上面即可。

工作筆記

工作速度慢的原因在於思考時間過長，而且大部分都消耗在沒必要考慮的事情上。如果能縮短這部分的時間，在工作效率上會有令人驚訝的提升。

習慣5

小遺漏很可能引起大麻煩，用檢查表避免粗心誤事

我以前其實很討厭檢查表，因為之前待過的公司裡，有各式各樣的檢查表，讓我覺得太過流於形式，一切彷彿變成制式的答覆，有種自由被剝奪的感覺。我甚至認為，公司的所作所為是在懷疑員工的能力。

但如今我改變固有的想法，在演講或培訓課程之前，一定會在自己的行事曆中確認檢查事項。**檢查表能確實避免遺漏必做事項，是提升工作效率和品質的最佳工具。**

我的演講和培訓課程檢查表上，列有「麥克風音量檢查」、「出席者姓名的

唸法確認」、「午餐時間和休息時間確認」等項目。針對演講的說話方式，則列有「提高音量」、「不搖晃身體」、「不提出過多疑問」等檢查項目。

此外，我身為經營者，也會準備關於公司的檢查事項，例如：「歡迎新進員工時必做的檢查表」、「第一次面試時必做的檢查表」等等。

頻繁使用檢查表，是為了盡量在短時間內，達成高效率和高品質的工作成果。特別是對於正式場合中不容有誤的演講、培訓課程或簡報，我都會小心謹慎地透過檢查表進行確認。現在若沒有事先備妥檢查表，在準備的途中會迷失方向，甚至感到侷促不安。

使用檢查表能省下東想西想的時間，並能有效避免疏漏、遺忘，是構築高品質成果的利器。

不習慣活用檢查表的人可能對自己相當有信心，但有時容易犯下不該犯的過錯，像是出國忘記帶護照、發表簡報時沒準備足夠資料等等。

之前，我的公司接到製作教材的工作時，曾經不慎遺漏應該和往來客戶事前確認的事項，導致在製作過程中一再向對方追加確認事項。結果，不只浪費自己的時間，也連帶耽誤對方。

最嚴重的是，由於提出問題時總是片片斷斷、東缺西漏，讓對方心生懷疑：「交給你們公司做真的沒問題吧？」最後失去對方的信賴。

另一方面，事先備妥檢查表的人，總是會規畫工作，效率和穩定性也能維持一定的水準。無論交給他們什麼任務，都不會演變成「重頭再做」的結果，因為他們在事前已做過確認。

工作中有不少失敗案例，都是源自於沒有將「確認」做到位。而能同時兼顧工作效率和品質的人，就連大多數人容易輕忽的地方，都不忘以檢查表加以核對及確認。

當時間被壓縮，我們常不知不覺省略掉確認的流程。正如同「疏忽一時，後悔一世❶」的警示標語，只要做簡單的確認，就能防止大多數的錯誤。願大家都能銘記於心。

工作筆記

使用檢查表能省下東想西想的時間，並能有效避免疏漏、遺忘，是構築高品質成果的利器。

❶ 原文為「注意一秒、ケガ一生」，常出現於日本的交通標語或是工程現場。

習慣6

成功者用3種以上的視角，發現隱藏的風險

分析一萬名受試者的行為數據後，發現有六成的人在狀況發生時，只能從中發現一個問題。也就是說，六成的人接到客訴案件時，只會以「有客訴」的角度看待事情。剩下四成的人，則會以「為何會發生客訴？」、「會不會再次發生」等數個角度切入。

這不是因為能力差距，也與頭腦靈活度無關，而是在於能否瞬間切換看待事物的角度。只要能意識到這點，就能立刻消除兩者間的差距。

撰寫本書時，我向部屬進行以下的問卷調查：

- 從部屬的角度來看，我的工作方式如何？
- 其他部屬都怎麼評價我？

原本認為部屬會稱讚我「有不錯的判斷力和洞察力」，沒想到問卷調查的結果和我的想像完全不同，其中最多的回答為：「常會注意到小細節。」

我原本自認為不拘小節，只看事物的大範圍，沒想到部屬對我的評價卻完全相反。看了這個問卷結果後，我也聯想到一些事情。

在大阪的總公司，我要求員工在玄關換上拖鞋後，再進入辦公室，來訪的客人也不例外。某天，有兩位客人將在早上十點拜訪公司。我到玄關一看，發現擺有兩雙拖鞋。我很欣慰部屬留意到這件事，但同時注意到拖鞋的擺放位置和方式有問題。

一般來說，拖鞋應該放在容易更換的地方，但那兩雙拖鞋並排擺放在角落，客人來訪後無法同時換上，所以我當下移動了拖鞋的擺放位置。

員工或許認為「只要有準備拖鞋就好」，但客人卻可能有截然不同的想法。

就如同上述拖鞋的例子，即使觀看相同的事物，但視角彷彿是能切換焦距的鏡頭，能用各種焦段觀望全體。改變視角後，就能看穿隱藏的危機，並發掘高效行事的方法。如果想養成切換視角的習慣，平時可以練習構思不同於他人的想法。

舉例來說，當眾人在會議中似乎已取得共識時，我會刻意問部屬「真的是這樣嗎？」觀光時，也會特意去其他人不怎麼去的地方一探究竟。

此外，我認為還有一個非常重要的觀點，那就是**只有自己看得到的視點**。若身為科長，就應該從科長的角度出發，而不是用部屬的視角看待事物。例如以下就是綜觀局勢的視角：

- 從組織領導者的角度出發。
- 從業界法規的角度出發。

- 從預設未來的角度出發。
- 從全體的角度出發。

諸如此類，可以從部屬可能忽略的各種角度觀察，這樣更能引導團隊往正確的方向前進，創造出更高效率及高品質的成果。

能用這種角度看待事物的人，不會和他人採取相同的行動，甚至會勇於懷疑周遭認為理所當然的事。而且，他們會在沒人敢挑戰的領域中發掘價值，果敢做出挑戰。

頂尖工作者在必要時刻，會從各種視角中，挑選出幾個重要角度來觀察事物。也就是說，並非毫無頭緒地切換視角，而是針對現在應該從哪個角度看待問題，以三種左右的角度觀察事物。而且，不單是切換角度，也要排定各角度的優先順序。

平常，我們習慣將所見所聞當作判斷的依據，但是只要稍微改變看待事物的角度，對工作的思考方式也會有截然不同的改變。

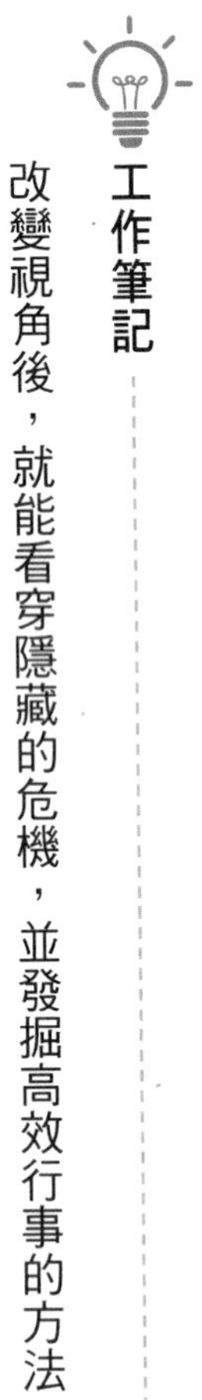

工作筆記

改變視角後，就能看穿隱藏的危機，並發掘高效行事的方法。

如果想養成切換視角的習慣，平時可以練習構思不同於他人的想法。

習慣 7

衡量優先順序時，以「不做會造成的影響」為基準

擬定計畫、決定優先順序有一定的訣竅。**重點在於不要以「工作的種類」來決定優先順序**。

那麼，工作的種類是什麼呢？簡單來說，就是諸如客訴或主管交辦事項等工作。在此我問各位一個問題：假設你同時接到主管緊急指示和客訴，會選擇優先處理哪一件事呢？

我在演講時也問過聽眾相同問題，會場中充斥各式各樣的意見。其中有位聽眾的回答令我印象相當深刻。他回答：「因為不知道兩者的重要性，所以無法回

答這個問題。」

會場中有不少人聽聞這個意見之後，都感到十分驚訝，我認為這個答案非常好。因為主管交辦事項和客訴皆屬於工作種類。最重要的是**以「不做會有什麼影響」，作為排定優先順序的標準**。

舉例來說，如果我沒出席公司全體員工都參加的經營會議，就無法傳達接下來的方針政策，對組織營運也會造成不小的妨礙。

另一方面，若是因為業務延宕而導致的客訴（理應絕對不該發生），一般職員也可以隨時因應，我即使不親自處理也不會造成太大影響。說得極端一點，比起日常隨處可見的客訴，在我的優先順序中，公司內部的經營會議更為重要。

我在培訓課程中，會安排學員為各式案件訂定優先順序，其中有不少學員的工作分類方式讓我讚嘆不已。例如，有的學員會將以下的標準，當作工作衡量單位：

- 對於工作任務會帶來什麼影響？
- 對於經營方針會帶來多少衝擊和影響？
- 對於自我夢想的貢獻度如何？

工作的衡量單位和工作種類不同，有時難免會遇到一些需要優先處理的任務，而不得不延後主管交辦的事項。我有時也會為了和部屬商討工作內容，而來不及在截止日前提出公司內部報告。

將工作衡量單位切換為對自身的影響程度，如此一來，對於工作計畫和決定優先順序也會有不小的轉變。只要將工作衡量單位設想為影響程度，便能更有效率地運用時間與精力。此外，即使發生突發狀況，也能冷靜地從客觀角度來決定優先順序。

當客訴、緊急等關鍵字出現時，過去的我會立即做出反應。自從習慣從影響程度來衡量工作後，便能冷靜下來好好思考，排定準確度高的優先順序。

為什麼花同樣的時間，卻造就不同的品質？其中有大半原因取決於優先順序。頂尖工作者的決定方式多以「不做會有什麼影響？」作為判斷標準。

養成這種思考習慣後，再回頭審視那些過去自認為不得不做的工作，便會發現自己能毅然決然地捨棄它們。因為，你的判斷基準已經固定為「影響自己的深遠度」。我在決定是否接下工作時，也是以「對籃中演練的普及造成多少影響」作為衡量標準，並相信這樣做能以最快的速度達成自己的任務。

工作筆記

相同時間卻造就不同工作品質，原因大多取決於優先順序的決定方式。頂尖工作者不以工作種類排定優先順序，而是以「不做會有什麼影響」作為判斷標準。

WORKING NOTE

/ / /

第2章

沒有靈感？用「剪刀石頭布理論」發掘創意

在思考如何加快速度之前，只要轉念一想：「這件事應該由誰來做？」工作執行的方式也會產生劇烈變化。

習慣 8

優先執行大規模工作，能防止瑣碎事項繁殖

工作分為可以馬上處理的工作，以及耗費數月才能完工的工作。大家會優先做哪一項呢？

若想要同時提升工作效率和品質，先從**「耗費數月的工作」開始訂定計畫**很重要。這麼做是有理由的，與其先從小規模或立刻可完成的事情開始做起，不如先針對大規模工作訂定計畫後，再加以執行。如此一來，就能在相同的時間內提高品質。

我們公司擬定的籃中演練題目需要耗時兩個月製作，企劃或專案通常需要花

兩至三個月才能完成。因此，我會訂定一個計畫表，將大規模的工作平均分配於每日完成。

如果累積過多必須立即完成的任務，或是繁瑣細碎的工作，壓力將變得愈來愈大。而且，從整體角度來看，一味埋首於馬上能完成的工作，將使工作品質大幅降低。

有些人習慣立刻著手馬上能完成的工作，因此可能對我的這個習慣感到意外，或是認為不符合現實考量。但是，立刻著手於能即速完成的工作，其實正好與提升工作效率和品質的概念背道而馳。

相反地，只要以「優先處理高品質工作」為思考基礎，工作的品質也會一口氣大幅提升。然而，為什麼我們總是習慣優先處理瑣碎及眼前的工作呢？有以下三個原因。

第一個原因是大規模工作需要花費很多時間。在日常生活中，確保手上一切事情按表操課相當困難。我的意思不是要大家擱置堆積如山的工作，埋首於耗費數月的工作中。而是想強調：即使是大規模工作，只要孜孜不倦、勤奮不懈地確實往前邁進，就一定能達成目標。

大多數成果非凡的人，都是不辭勞苦、日積月累地累積實力。不論是大家耳熟能詳的職業棒球選手，或是大型企業的創辦人，在成就偉大事業之前，都經年累月、從未間斷地投注努力和心血，並將需要耗費長時間的工作平均分配於每天處理。

因此，分割大規模工作、每日辛勤不懈怠地完成分配到的份量，可說是優先順序相當高的行動。

第二個原因是擱置瑣碎工作時產生的壓力。當工作堆積如山，往往會不由自主地產生「總之先將工作量減少」的衝動。因為想要早日甩掉大量工作的包袱，是人類天生就有的防禦行為。

舉例來說，若電子信箱裡累積十封未讀信件，有些人會想先仔細閱讀信件、盡速解決，甚至有些人一看到信箱的通知，就會馬上回信。站在寄信人的立場來看，也許會感到十分高興。不過，若是不停重覆進行這個行動，反而可能讓工作量增加。我自己也曾遇過類似的問題。

過去若有部屬無法處理的問題，客戶總是直接寄信或打電話找我，而我也都逐一加以應對。但由於數量不斷增加，所以我決定利用每週的會議時間，舉辦約二十分鐘左右的學習會，與部屬討論這些問題。

之後，客戶向我直接提出的問題雖然沒有一口氣全部消失，但明顯地逐步減少，現在的頻率大約為每週一次。也就是說，要將產生壓力的源頭斬草除根，就要先著手於大規模的工作。

第三個原因是，若將瑣碎的工作擱置不理，就會宛如阿米巴變形蟲分裂繁殖一樣，產生愈來愈多工作。的確如此，如果將工作擱置不管，就會愈堆愈多，我曾為此付出慘痛的代價。

我的公司大多數教材都是用自己的機器印刷成冊，不過一旦大量印刷，機器有時容易出現狀況，當時我聽部屬呈報與機器有關的問題後，做出以下判斷：

「應該還沒問題」便擱著不管，沒想到發生了機器完全無法動彈的大問題。

有些時候，一開始如果立刻做出應變，便能解決問題，但是一旦擱置不理，可能就會花費比當初多十倍以上的時間和勞力。

看到這裡，應該有人認為我前後矛盾，前文說不要埋首於眼前的事情，現在卻說要立刻應變。此時或許有人心想：「果然應該要先做馬上可以完成的工作吧！」

沒錯，我的確說過「如果將工作擱置不管，就會愈堆愈多」，但這並非適用於所有的工作。例如：例會的會議記錄不馬上看也沒關係，行銷郵件等不重要的電子郵件不看也可以。

前文所說愈堆愈多的工作，指的是重要度高的工作。像是教育問題、重要決策、系統問題等與未來相關的工作。若不先從這類的大規模工作開始做起，將使瑣碎的事情急速倍增。也就是說，**優先執行大規模工作，有助於防止瑣碎事情繁殖。**

因為，即使優先處理瑣碎的事，也絕對無法減少整體的工作量。相反地，若將大規模工作的優先順序往前移，便能有效減少小規模工作。這樣一來，就可以爭取到更多時間，並將它們花在績效更高的工作上，這也是優先處理大規模工作的一大優點。

習慣著眼於小規模工作的人，總是忙得團團轉。他們一旦接到主管指示就迅速反應，雖然乍看之下工作效率不錯，但因為不習慣進行大規模的長期工作，在許多地方會露出破綻。主管也總是必須不斷耳提面命：「那件事進行得怎樣了？」、「何時才能完成？」

另一方面，先從大規模工作開始做起的人，乍看之下沒有什麼大成果，彷彿例行公事一樣，每天只是踏實地持續做相同工作。例如：持續舉辦讀書會、持續投資自己、持續學習。但是腳踏實地堅持下去後，他們會漸漸得到周遭認可。

為了提升工作效率及品質，與其從事瑣碎、立刻能完成的工作，不如從大規模工作做起。只要每日勤奮不懈地做下去，便能獲得短時間內無法取得的碩大成果。

工作筆記

大多數成果非凡的人在成就偉大事業之前，都經年累月、從未間斷地投注努力和心血，並將需要耗費長時間的工作平均分配於每日。

習慣9

想同時進行多項合作案又不出錯？關鍵是活用閒置時間

撰寫本書時，我手上同時有約三十件案子正在進行。因此，有時若不確認行事曆及計畫表，根本毫無頭緒，不知道該從哪件事開始做起。我手上甚至還有三本正在撰寫的原稿。

不論是經營者還是作家，都需要同時進行許多工作。在速度方面，同時進行會比一個個處理快很多。同時進行多項工作能提升效率，有兩個原因。

第一個原因是工作與工作間的空隙時間會減少。當某項工作被拉長，將會產生閒置時間（Idle time），也就是空白時間。舉例來說，下載或複製檔案時，電腦處理速度會變得緩慢。相同地，幹勁低落時，工作效率也會降低。

不過，一旦組合多項工作同時進行，閒置和空白時間便會減少。例如：我在旅館辦理入房手續時，若對方需要花時間確認，我便會在等待時間趁機處理郵件。重要的是，不要讓自己有太多閒置時間。

第二個原因是可以按照自己的步調組合工作。由於人類是有感情的動物，雖然知道某件事再不做不行，但肯定也有怎麼樣都提不起勁的時候。這時請務必記住，**並非自己配合工作，而是讓工作配合自己的步調**，如此一來，就能提升工作的效率與品質。

但是，請各位千萬不要誤會，我的意思不是只做喜歡的工作。從結果來看，將提得起勁和提不起勁的工作組合來做，有助於加速完成工作。例如：會議中聽取部屬報告的同時，靈光一現想到新的主意。或者是與部屬進行談話時，忽然浮現可以作為寫作題材的想法。

每個人的幹勁都有一定的生物韻律，若某項工作完全沒有進展，可以先去做其他工作，或許回頭再次檢視沒進展的工作，能再一次重新燃起幹勁。只要抱持著不停下腳步的鐵律，便能夠理所當然地同時進行許多工作。

而且，還要常常在腦海中想像，當前手上的案子該以什麼形式推進比較好？工作絕不能像醃漬鹹菜一樣慢慢拖，也只有鹹菜醃漬過會好吃。腳步一旦停擺下來，只會讓工作增多，品質表現也差強人意。

另外要特別注意，工作並非一個人執行，而會牽動到許多人，即使自己想要加快腳步，若無法與周遭的齒輪順利嵌合，便會動彈不得。因此，頂尖工作者必須對齒輪運作方式瞭如指掌。

舉例來說，頂尖工作者常會在委任他人工作的期間，先進行別的工作，當對方完成並交件後，再回頭處理該工作。有這個習慣的人在與人商談時，不會只討論一件事，而是將各事項統整後，在商談中一次提出，因此只需要短短幾次的商談，就能告一個段落。

另一方面，不擅長同時進行工作的人，在報告工作進度時也會七零八落。我甚至遇過才剛報告完工作進度，十分鐘後又報告一次的人。

為了提升工作效率和品質，必須讓工作一直保持在運轉的狀態中，才能即時發現自己工作的閒置時間，並且隨時找出可以事先委任同事的事項。只要能養成同時進行工作的思考模式，即使同時處理五十項工作也不足為奇。

工作筆記

工作並非一人獨秀，而是會牽動到許多人，即使自己想要加快腳步，若無法與周遭的齒輪順利嵌合，便無法向前邁進。

習慣10

想破頭還是沒靈感？用「剪刀石頭布理論」發掘創意

我曾將公司員工分成幾個小組，召開創意激盪會議。大多組別都會在白板上接二連三地寫出他們的想法，其中有一組卻完全不進行提案。

問了他們不提案的原因後，發現他們和其他小組的做法，有根本上的不同。在白板上寫下多種想法的組別都以「盡可能多出點子」為目的。相較之下，不提案的小組卻拘泥於「提出好點子」。簡單地說，不提案的小組為了想出好點子，反而陷入完全想不出點子的困境中。

提案的重點在於，先將遇到的所有限制排除在外，並盡全力多想出一些點子。也就是說，不論什麼樣的想法都可以，總之將想到的點子都提出來。當然，其中也可能會有些執行困難，或是預期效果有限的點子。

實際上，一開始先求量不求質，最後也能誕生出好提案。因為先提出多個想法後，就能在多個提案之間相互比較、分出高下，甚至可以結合多個提案的優點。從這個角度來看，在大量提案中做出取捨、截長補短，也能提升整體的提案品質。

簡單來說，**先提出多個提案，接著從中篩選出幾個高品質的提案以縮小範圍，最後再檢討選中的提案並加以改良**。如此一來，就能在短時間內提出高品質的提案。

以上的概念就是**「剪刀石頭布理論」**。首先將一切界線全部屏除，就像攤開手掌一樣，隨意地提出各種點子。接下來用剪刀修整切割、縮小選擇範圍。最後再將選中的提案用拳頭緊緊握住，並全力以赴、貫徹始終。

我們公司也根據剪刀石頭布理論，訂定事業計畫。先大量嘗試、從中發掘新的可能性。在確認實施的結果後，捨棄執行狀況不佳的提案。最後，集中投注預算和人員於成效最好的提案，以獲得最大成果。

只要養成「先竭盡所能提出想法」的習慣，漸漸就能遴選出最佳提案，並做出最佳判斷。無論你對以量取勝的方法抱持肯定或否定態度，將重點放在追求數量之後，思考空間便隨之擴大，甚至會不由自主地主動考量各種可能性。

一旦為了追求各種可能性而採取行動，工作方式也會產生變化，轉為朝向高品質工作之路邁進。若企業也遵循這種經營觀念，便能培養出勇於革新和突破的風氣，更能創造新的出路。

相反地，如果沒有養成這個習慣，將會招致各種負面評價，例如：不知變通、缺乏創意等。未遵循這個觀念的企業，可能面臨被市場淘汰的命運。

推出熱賣商品後卻後繼無力，甚至走向破產的公司比比皆是，其中許多都是因為無法跳脫過去的成功框架，而導致以失敗收場。

提出新想法十分重要，唯有如此才能發掘新的可能性，找到解決問題的方法，或是打造一條新的出路。

如果各位煩惱於無法想出好點子，或許正是因為過於在意點子的品質。乍看之下，追求數量的想法似乎缺乏效率，但就結果而言，這個過程能有效提升效率和品質。

工作筆記

想點子時養成「以量取勝」的習慣，就能遴選出最佳的提案。而且，將重點放在追求數量還能擴大思考空間，進而開始思考各種可能性。

習慣11

掌握3步驟，花5秒就可確認資料是否必要

我的習慣是花五秒閱讀資料。若一份簡報分成三個段落、總共十頁，我只需要二十秒就能確認完畢。

也許有人心想「這怎麼可能？」但實際上，並不需要閱讀資料的內容，只要確認是什麼樣的資料即可。

為什麼我說不讀內容也無妨呢？**因為資料只是做出判斷的材料**，所以我們只要清楚知道判斷時需要的材料在哪裡就沒問題。

舉例來說，我們公司向客戶提出培訓課程的提案書時，基本上只將內容歸

納成一張A4大小的紙。若客戶特別提出「想要知道詳細資訊」、「想知道具體數據」，再另外準備較詳細的資料。

了解資料的功用後，可將判斷時的流程整理為三個階段：

進行檢討↓確認能作為判斷根據的資訊↓做出判斷

正如以上流程所示，資料本身沒有判斷的價值。它最重要的目的，並不是用來仔細閱讀並進行分析，而是作為判斷時活用的材料。

我們公司也採取同樣的方法，在內部提案和報告時，主要將重點擺在資料的使用方式上，並要求部屬清楚標記並區分「報告內容」和「資料」。對於提案書，也再三要求他們將文件分成這兩個部分。

如果能事先將文件分類清楚，檢討時就能擷取出合適的資料，這不僅能減少閱讀資料的時間，也不會被多餘的資訊所干擾。進一步來說，能作為判斷材料的資料本來就有限，就如前文舉例的培訓提案書。

在此特別強調，判斷所需的資料因人而異，並非所有資料都是必備。對於習慣以過去實績作為判斷材料的人來說，不需要詳述理論的資料；對於在意問卷調查結果的人來說，則不需要公司其他服務的詳細內容。

另外，人們往往習慣於吸收眼前的資訊後，再展開分析，甚至認為這樣就能提升工作品質，但事實上並非如此。

為了能在有限時間內盡量做出更多、更精確的判斷，必須捨棄閱讀不必要資料的時間。實際上，**最重要的不是追求「那個資訊是什麼」，而是發掘「那個資訊對什麼樣的判斷有幫助」**。

養成這個習慣不但能取得充裕的判斷時間，還能掌握更適當的必要資訊，形成精準度高的判斷。有這個習慣的人在會議中一眼就能發現問題，即使身處混亂的狀況，也能在彈指之間做出判斷。

另一方面，沒有這個習慣的人容易被流言和謠言耍得團團轉，進而造成誤判，而且還無法釐清資訊，導致在判斷上耗費過多時間。

實際上，花費在吸收並分析資訊的時間，無法創造出產值。因此，與其試圖吸收眼前所有的資訊，不如轉換固有的思考習慣，將資料或資訊當作必要時可隨時使用的材料，更能保障工作的效率和品質。

工作筆記

為了能在有限時間內盡量做出更多、更精確的判斷，最重要的不是追求「那個資訊是什麼」，而是發掘「那個資訊對什麼樣的判斷有幫助」。

習慣12

吸收新知後，與其放在腦袋裡不如立刻去做

當我獲得新知，或是從他人身上發掘很棒的想法時都會立刻採納。舉例來說，我會把從晨間新聞裡得知的消息，作為當天授課的題材。如果從書中讀到哪個實用的電腦技能，或是方便的手機應用程式，我也會立即實際應用。

我曾在一本人際溝通的書籍中看到：「交談時，如果提到對方姓名的頻率比平常增加兩倍，便能獲得對方信賴。」我立刻在日常生活中實踐這個方法，現在仍持續進行中。此外，在雜誌上看到最新消息時，也會立刻和別人分享，或是在培訓課程中與學員討論。

我想說的是，「知道」和「記住」的行為，本身並沒有價值可言。簡而言之，知識要「用了才有意義」。吸收資訊的當天就立即運用有兩個好處。

第一個好處是，**能促進記憶且較不容易忘記。**假設你看了一本書，一週後有人問你書中內容，這時光是回想雖然就會花上一段時間，但會對自己說出的答案印象深刻。因為你將資訊從「已記住」升級至「已運用」，因此該資訊也被存放於較容易回想的大腦空間裡。

再舉一個更好理解的例子，到國外旅遊時，脫口而出的外語大多是由頻繁使用的單字組成。相反地，自己不常使用的單字則經常一時之間想不起來。也就是說，我們常會忘記自己知道的事情，但實際應用之後，就能加深印象，不容易忘記。

第二個好處是透過**實際運用**，**能確認這個知識對自己而言是否有活用價值。**我曾閱讀指導如何收納的暢銷書，實際嘗試書中介紹的方法後，發現那套方法並不適合自己而作罷。我認為正是因為實際操作過，才能明白這個道理。經營時的思考模式也是相同道理，我會實際判斷該經營者的性格是否和我合得來。

曾經有讀者看了我的書後說：「這個做法不適合我」，讓我感到相當遺憾。我並非因為不適合感到遺憾，而是因為對方還沒有實際嘗試，就先入為主地認為做不到。

我們日常生活中有許多可以學習的事物，例如：同事或主管，以及各類書籍。**能兼顧工作效率和品質的人，絕非吸收的資訊較多，而是能確實活用吸收的事物。**

沒有這種習慣的人即使取得再多的證照資格，讀再多的書，參加再多的培訓課程，也很難在工作上有所突破。

另一方面，習慣吸收資訊後就實踐的人，能時時檢視自己的做事方法，並加以改善，進而同時提升工作效率和品質。也就是說，若能實際運用自己吸收的資訊，並將它的優先順序提前，應該能在工作的效率和品質上大有斬獲。

工作筆記

能兼顧工作效率和品質的人，絕非因為吸收的資訊較多，而是能確實將吸收的事物加以活用。

習慣13

將文章重點標示粗體字，讓表達更簡潔有力

很多書都像本書一樣，以粗體字顯示重點部份。標記粗體字的部分，就是作者最想傳達給讀者的訊息。極端來說，可以跳過其他地方不讀，但希望務必閱讀粗體字的部分。

我寫書的習慣是**先決定標為粗體字的內容，再寫文章的其他部分**。不只在寫書時需要優先考量粗體字內容，舉凡製作客戶資料、撰寫電子郵件，或是製作會議中的說明資料，都同樣適用這個方法。

因為是以「至少將粗體字的內容傳達給閱讀者」作為考量前提，因此會漸漸

地**除去多餘的贅述，文章脈絡也會變得更加簡潔有力。**

寫電子郵件時也是如此，因為省去贅述，一封信五行內就可交代完想傳達的事。從寄信人的角度來看，能免除許多不必要的心力；從收信人的角度而言，也能更明白對方想傳達的意思。總體來說，這對兩者而言都相當有利。

我曾經有一段時期，苦惱於無法將想法傳達給對方。像是我在授課時，總想著盡量傳授多一點內容給聽眾，但如果一味增加案例和補充，聽眾反而難以理解。

讀者應該也有類似經驗，雖然耗費大量的時間和勞力製作長文或報告，卻無法將想法清楚地傳達給對方。

此時，若能以粗體字的概念思考，就能明確地知道自己想傳遞什麼資訊給對方，就結果來看，可以省下不必要的口舌和時間。最近，我愈來愈覺得粗體字之外的描述彷彿點綴的配料，甚至可以說，粗體字以外的文字其實不必要。

許多人會說：「在寫文章或演講時，最重要的是表達自己的真情實意。」我個人卻不這麼認為。倒不如說，表達過多的感情反而無法傳遞真正想傳達的事。最重要的是讓自己想傳達的事物變得更明確具體，並簡潔明瞭地整理出來。

有這個習慣的人在會議上的發言句句有分量，大家也會專注地傾聽，甚至有時還替不太會表達想法的人代為總結。

相反地，沒有這個習慣的人常被主管批評：「不知道你到底想表達什麼？」、「所以你到底想說什麼？」他們經常被要求再說一遍而感到焦躁不已，因為對方連自己一半的話都無法了解。

若能時時意識到粗體字概念，對方的理解度也會大為成長。說話是我的工作，因此我現在也在考慮，如何能做到除了粗體字以外，其他部分都省略不說，這個問題被我排在優先順序較前面的位置。請各位務必在日常生活中，運用粗體字概念。

工作筆記

以粗體字的概念思考，就能明確知道自己究竟想傳遞給對方什麼資訊，就結果來看，可以省下不必要的口舌和時間。

習慣14

不費時調查不知道的事，而是向專家請教

我近來一直在煩惱一件事。公司預定在金澤舉行研討講座，但對於招攬聽眾感到相當苦惱。

如果在東京或大阪等大都市舉辦，基本上每天都座無虛席，每年約有一千名以上的學員報名，頗受歡迎。不過，在大都市以外的地方，則持續陷入苦戰。我請部屬向之前的企業或個人客戶介紹課程，仍舊無法達到理想的集客數量。

若探究研討講座人氣低迷的原因，我認為是因為籃中演練的知名度不夠高，雖然大都市圈中的知名度近來逐漸攀升，在其他地方卻不夠有名氣，導致無法聚

集聽眾。

當我遇到如前例一樣，必須克服的課題或難題時，一定會致電或發送電子郵件給可能知道解決辦法的人。我不會自己調查不知道的事，而是請知道的人告訴我。

對我來說，**調查的優先順序排名較低**。我認為與其自己調查，不如請教熟知相關知識的人士，這會使犯錯的可能性降到最低，讓解決速度急速攀升。

因此，當我有任何疑問時，腦海中最初浮現的問題是：「這個疑問應該要向誰請教？」而不是立刻在網路上搜尋調查。為什麼我會養成不調查的習慣呢？**因為不成立假說，而是一味調查的行動，其實相當沒有效率**。

之前，我曾因為透過網路尋找解決方法，而付出慘痛的代價。

某天我的電腦自動更新後，之前設定在桌面的捷徑竟然消失一大半，於是我立刻在網路上搜尋解決方法，試圖用各種方式解決問題。沒想到，情況卻更加惡化，連絕對不能不見的重要檔案也消失無蹤。

各位也許也發生過一、兩次類似的經驗。沒有相關知識和經驗的人，基於沒有根據的假說解決問題，反而會讓事態更加惡化，不只造成生產力大幅降低，甚至可能出現新的問題。

我好像聽到有人對我的行動感到不解：「只要使用網路搜尋引擎，什麼都可以找到答案，有必要特地去問別人嗎？」

的確如此，在這個時代，用智彗型手機能查到不少東西。不過，我認為網路上的資訊只能當作參考，尤其是在做重要判斷時，與其採用網路上的資訊，向專家直接確認更為妥當，也能盡早找到適當的解決方法。

讀者看到這裡，也許會質疑：「如果無法確認請教對象所言是真是假呢？」沒錯，向人請教雖然可以快速獲得較妥當的資訊，但另一方面也存在著風險，因為對方告訴你的資訊，帶有個人的主觀意識。

假如有個精通拉麵的朋友向你推薦：「那家店的拉麵是世界上最好吃」，但對你來說可能並非如此，這種說法最多只能歸類於個人想法中。

因此，並非將他人告訴你的資訊囫圇吞棗，為了追求可信度，還要同時向其他人請益。也就是說，當遇到不清楚的事情時，應該立刻向熟知該領域的人請教，再向第三方雙重求證。這就是解決問題的適當流程。

為了避免引起誤解，請容我再次補充說明。我的意思並不是一碰到問題，想都不想就立刻請教別人，凡事先經過大腦消化是必要的步驟。

我的意思是，遇到問題時先別胡亂調查，而是稍微改變平常的思考模式，轉而思考：**「向誰請教能更早得到解決對策？」**

籃中演練的測驗當中，向他人請教、向專家請益的行為，被定位在「計畫組織力」的能力當中，是正面評價的項目之一。因為在實際的商業場合中，憑一己之力就能解決的問題並不多。術業有專攻，如果能向周遭的專業人士請教，便能更快速地取得實用資訊。

向周遭專業人士請教後，解決問題的速度會壓倒性地加速，而且能確實解決問題。舉例來說，當會議室的電腦無法連接到投影機時，首先要自行確認狀況，再請公司內部擅長操作電腦的同事幫忙，或者直接連絡廠商諮詢承辦人。

相反地，如果不習慣請教他人，只想靠自己的力量解決問題，雖然能在錯誤與嘗試的循環中學習，但解決問題所需的知識不足，會消耗不少時間。許多人都是因為如此，而導致最終無法解決問題。

想憑一己之力量解決問題，當然不是壞事，但最重要的是如何快速且確實地解決。因此，要將「請教專業人士」的行動，往優先順序的前排移動。

工作筆記

實際的商業場合中，憑一己之力就能解決的問題並不多。如果能向周遭的專業人士請教，就能又快又確實地解決問題。

習慣15

用「失敗記錄表」取代記憶，以免在同樣地方摔跤

偶爾會有人跟我說：「鳥原先生你不會失敗吧！」

不過，現實中正好相反，我的失敗次數比別人多一倍，並對此感到驕傲。而且，**我會將自己的失敗經驗全部記錄下來，製作成「失敗記錄表」，把它們當作可活用的素材。**

我的失敗記錄表就在筆記本上，記載了至今為止犯過的錯誤，以提醒自己不要再犯相同過錯。例如：「沒更新公司官網，導致刊登錯誤資訊」、「培訓課程中混入錯誤教材，造成學員困擾」等等。

大多數的人都習慣把失敗「記憶」起來，並以此來改變行動。他們常信誓旦旦地認為，自己會從失敗中記取教訓，但我認為**將失敗記錄下來，更容易從中學習**。

失敗比想像中還容易重蹈覆轍。大多數人失敗時會反省，下定決心不再犯同樣的錯，進而採取改善對策。不過，這樣是不夠的。因為失敗並不是偶然，而是必然，所以應該要列表記錄下來。

在我二十五年的職場人生中，曾有數名優秀部屬辭職離開。雖然部屬他們各自的狀況不一樣，辭職的理由多少有些不同，但我收集到的根本原因，基本上不出這兩種：「主管沒有多聽部屬的意見」、「主管沒有把想法完全傳達給部屬」。

也就是說，如果我在管理部屬時，可以改善這兩點根本原因，也許就能防止大多數的失敗。

百分之八十的失敗，都是由百分之二十的原因所造成。如果能注意到這個失敗法則，就能在更短的時間內，大幅提升工作的品質表現。

工作筆記

失敗比想像中容易重蹈覆轍。大多人失敗時會反省、下定決心不再犯同樣的錯。不過，失敗並非偶然而是必然發生，所以應該要列表記錄下來。

習慣16

別凡事一肩扛起，應專注在唯有自己能完成的事

我們公司每天早上有個習慣，就是透過視訊讓大阪總公司和東京事務所的所有員工，共同進行早會。

某天早晨，辦公室裡發生一件令人很在意的事。早會時，東京事務所看到的螢幕中，無法完全顯示大阪總公司每位員工的臉，雖然可以看到站在最前方的員工，但後排員工完全被擋住。之後才發現，原來問題出在相機的擺放位置過低。

大家商量後的結果是變更相機架設的位置，最後決定架設在天花板上。當時，立刻有數名員工搬椅子過來準備安裝，卻被我阻止。我請他們找專業的師傅

或電器行老闆來安裝。

如前文所述，術業有專攻，如果請該領域的專業人士來處理，安裝時間絕對能大幅縮短，在品質上也更有保障。

這時，有員工說：「請師傅安裝要花錢，我們可以自己裝。」的確如此，若只考量「看得見的成本」，請員工自己安裝，可以省下額外花費。

不過，員工將自己的本份擱下，而把時間浪費在其他地方，這就是「看不見的成本」。而且，若是由外行人安裝機器，有可能才過一陣子就要再調整，其中甚至還隱含著機器掉落的危險性。經過綜合考量後，還是委託外部專業人士來安裝比較合乎邏輯。

也許有些讀者看到這裡會認為，關鍵是考量「要自己做還是請人做」。但別太早下定論，這件事的重點其實在於考量「**一旦發生問題，應由誰處置**」。

「應該自己做嗎？」與「應該請誰來做？」這兩種思考模式，看起來雖然很類似，其實不盡相同。前者的思考路徑是「請他人來做自己無法做到的事」，後者則是一開始就考慮「應該請誰來做」。也就是說，兩者在尋找適任者的優先順序上有所不同。

如果遇到問題時，先問自己「應該自己做嗎？」不知不覺就會將可以請他人幫忙的事也一肩扛起。相對地，若遇到問題時改問自己「應該請誰來做？」自己肩膀上的事情就會減半。

為了避免誤會，我想先澄清，我的意思並非請各位偷懶怠工，而是想讓大家看清自己真正應該做的本份。許多人遇到問題時，因為思考模式優先順序的不同，最終連「原本不做也可以」及「不用一個人做也可以」的事情，都一肩扛起。

我當初撰寫本書時，決定花平時二分之一的時間。大多數人遇到必須以二倍速工作的情況，總是不停考慮「要怎麼樣才可以變得更快」，例如：摸索出二倍速的寫字方法、尋找可提升效率的文具用品等。

不過，我不會這麼想，反而不斷思考：「至今自己一直在做的工作，能否請其他人來幫忙？」舉例來說，這次寫書的過程中，我請周遭的人幫忙提供適合本書的具體實例，或者請人幫忙校對。

直至目前為止，我在書中介紹的實例都是我本身遭遇的經驗。然而，要回想這些經歷，其實相當耗費時間。因此，撰寫本書時，我決定請部屬和友人幫忙，詢問他們是否有相關案例可以佐證書中的觀點。至於校對方面，雖然我也會再讀過一遍，但只檢查內容是否正確，至於誤字或漏字等問題，則麻煩編輯或校稿人員協助。

不過，儘管大幅縮短花費的時間，品質卻不能跟著下降。因此，我在內容的部分比以前投注更多心力，重新檢查並修正內容的次數也比以往多，進而提升撰稿的品質。

簡單來說，將他人也能辦到的事情委外處理，並把多出來的時間與心力，全神貫注於只有自己能完成的領域，就是有效提升工作效率和品質的秘訣。

習慣請求協助的人非常擅長與他人合作，即使被主管刁難，腦海也會立刻浮現：「為了解決這個難題，我需要誰的幫忙？」並確實解決問題。

相反地，沒養成這個習慣的人總是將工作攬在自己身上，因此渾身會散發出一種訊息：「請不要把工作推過來！」

在思考如何加快速度之前，只要轉念一想「這件事應該由誰來做」，工作執行的方式也會產生劇烈變化。

工作筆記

將他人也能辦到的事情委外處理，並把多出來的時間與心力，全神貫注於只有自己能完成的領域，就是有效提升工作效率和品質的秘訣。

習慣17 規則是團隊建立共識的武器，而非限制自由的牢籠

我認為「訂定標準」和「訂定規則」的優先順位應該排在前面的位置。標準及規則大至「公司方針」、「各項工作方針」及「各職位的權限設定」等方向性規則。小至「絕對不能隨意使用客戶退貨的商品」等現場判斷的標準。

最近，我們公司花了四十個小時決定面試的相關規定，例如：第一次面試進行選考的地點、最終面試應詢問的問題、公司錄用員工的標準等。

訂定良好的規則，就是為員工打造「即使沒有主管在場，也能創造優良成果」的環境。如此一來，更能確保可有效運用的時間。

此外，我也訂定員工和我連絡的標準。只有緊急狀況才用電話連繫，其他都是透過電子郵件連絡。而且，電子郵件的帳號還分成兩個，一個是與顧客和公司外部連絡用的帳號，另一個是公司內部專用、緊急度較低的帳號。

過去還沒有訂定這個標準時，一天會接到約十通來自部屬的電話。在演講或培訓課程時打來已是家常便飯，甚至連休假日都常在接電話。員工可能心想：「總之先跟董事長報告再說」，難免會頻繁地連絡我。

不過，上述的例子其實還算可以接受。有幾次應以電話連絡的緊急狀況，卻以電子郵件的形式通知，讓我非常困擾。

我在辦公室時，也常有人向我請示各種事情，時常讓我不得不停下手邊的工作。有些員工甚至連一些雞毛蒜皮的事情都會詢問我的意見，例如：「影印紙要選哪個牌子？」、「觀葉植物生長狀況不良，該怎麼辦才好？」

有時候我真的無言以對，因為這些應該不是需要由董事長判斷的問題。遇到這種情況，有時我會語氣強硬地回答：「不要連這種小事都來問我！」結果讓一些員工受到打擊。

如果站在詢問或報告者的立場來看，也許就是認為需要董事長的判斷，才會向我回報，仔細想想，其實只是彼此的價值觀有所出入。因此，我開始正視標準和規則的重要性。

在訂定標準時，必須特別留意將事情**盡量具體化，並盡可能將標準與規則數值化**。再回到前面招募人才面試的例子，我將標準訂定為「只要批評一次之前待過的職場，就不予錄用」。

以上的「一次」非常重要。因為有些面試官可能心裡認為：「每個人難免都會批評別人。」為了避免以自己的價值觀行事，明確的數值標準就相當重要。

再把話題拉回前面提到的訂定連絡標準，這件事後來的結果不盡理想，因為我認為不太緊急的事，對方卻可能認為事態緊急。因此，我又附加具體內容如下：「讓正在開車的董事長，不得不停在路肩接電話的內容。」之後，幾乎沒有員工再打電話給我。

若能依照訂定的標準及規則行動，不僅能和對方產生共識，還能避免浪費時間，而且即使自己不在，工作也能順利運作。

目前，我們公司的員工一天大約會打三通電話給我。而且，由於報告的內容也有訂定標準，所以電子郵件也比從前少了一半。

標準和規則的作用不只會讓工作量減少，還可以有效消解雙方的歧異，有助於維持良好的溝通關係。

商業中的生意往來也是如此，舉例來說，與客戶締結契約時，我們公司都一律準備固定格式的契約。再者，收到對方的契約書後也會委託代書幫忙檢查。

在大企業中，這似乎是理所當然的事，但對小公司來說，卻不會太過重視。不過，雖然我的公司規模不大，只有三十多位員工，卻相當罕見地在這件事上投注不少時間和成本。

契約書的作用在於清楚闡明雙方應遵守的規則。一旦規則確定後就很難變更，因此若訂定有助提升自身優勢的規則，在執行工作上也更有助益。

常有人說：「沒辦法，事情已經決定了」，並將效率不彰怪罪於規則本身。不過我卻認為：「既然這樣，那就訂定自己的規則。」

舉例來說，我在之前的公司時，曾受指示要在會議上發表某項配套措施，我精心製作許多相關資料，卻因為前面的人發表時間過長，導致我的時間被大幅壓縮。

自此以後，為了遵守與確保時間，我提出使用計時器的提案，並且被採用。提案內容為：只要時間一到，即使發表還沒結束也要強制中斷。為了讓計時器提案通過，我花了不少時間事前協商和準備提案資料，不過這樣做相當有價值。

規則在商業世界中扮演舉足輕重的角色。正因如此，有必要養成訂定標準和規則的習慣，並投入時間和心力於其中。

當開始實施新的配套施策時，有這個習慣的人會率先參與企劃，並針對標準或規則的架構，確實反應自己的想法和意見。就結果而言，能有效提升實現目標的機率。

相反地，沒有這個習慣的人只會遵從他人訂定的標準和規則，無法好好反應自己的意志。他即使認為「這個規則實在很奇怪」，但因為這是已決定好的事，只好硬著頭皮做下去。

只要確立標準和規則，就能將自己的想法明確地傳達給對方。訂定標準及規則有助於創造友善的工作環境，是提升工作效率和品質的秘訣之一。

工作筆記

若能依照訂定的標準及規則行動，不僅能和對方產生共識，還能避免浪費時間。而且，即使自己不在，工作也能順利運作。

第3章

溝通壓力大？學會以「傳達率50%」為原則

正確的溝通理解，並不是下指示的人單向地發送訊息，而是雙方達到共識、認知一致，這才是最重要的。

習慣18

憑感覺爭取認同會被打槍，要提出3理由說服

工作中最耗時、費心力的事情就是溝通。各位也有以下類似的經驗嗎？

- 因為彼此的合作缺乏默契，才會造成失誤。
- 會議中有人提出反對意見，導致事情進展不順利。

想取得對方的同意及認可，關鍵在於表達想法時，清楚地說出為什麼這麼做。分析一萬人的行為數據後，我發現一個事實：**「許多人在說服別人時，只是**

說明自己的想法，並不會告訴對方這麼做的理由。」

我在傳達事情時，一定會將重點特別擺在理由的部分，並且具體地向對方表示這麼做的**三個理由**。

將行動或決定歸納成三個理由後，對方可能心想：「這個行動的背後竟然有多達三個理由啊？」贏得對方同意的機率也會提高。假設你用以下的例句向客戶介紹公司產品，會帶給對方什麼感受？

- 這是敝公司的第一名招牌產品，請您一定要試用看看。

以上的句子並沒有提到理由，只是單純地傳達自己的想法。那麼，如果是以下面的例句介紹產品，又是如何呢？

- 這是敝公司的第一名招牌產品，重量減輕了一成。

這樣只有說出一個理由而已。不過，比單純傳達自己的意思好多了，也比較能勾起對方的興趣。接下來，請嘗試說出三個理由：

● 我會推薦這件產品，其實有三個理由。第一個理由是重量減輕了一成。第二是本產品刪除了一部分多餘功能，在使用上變得更加便利。最後的理由是，連貴公司的競爭對手，也決定要購入這件產品。

跟前面兩個例句相比，是不是覺得最後這個例句的說法更具說服力呢？每個人的價值觀及想法不盡相同，因此很多時候無法坦率地認同對方的提議。但即使對方提出的意見與自己的想法或價值觀不合，如果其中有自己認同的理由，便可能接受對方的意見。

然而，只有一個理由不夠，因為很容易遭到反駁。若能說出三個理由，獲得認可的機率就會提高不少。為什麼多提出理由能提升接受度？因為多數人認為，

相較於反駁，同意對方讓自己比較輕鬆。

實際上，讓對方印象深刻的不是理由的品質好壞，而是因為你的行為背後，有許多理由幫你背書。比起理論，感性更能打動人。所以再怎麼勉強，也要提出三個理由。

當你說出三個理由後，不僅容易說服對方，也會讓你對自己的決策產生自信，進而提升決策的品質。

過去，我曾經請部屬挑選適合舉辦聯歡會的場地。因為遲遲等不到回應，我便向他確認事情的進展，沒想到部屬卻告訴我，他已經自行預定好場地了。

我問部屬：「為什麼你要自己先預定場地？」部屬回答：「因為我總覺得那個場地不錯。」

如果部屬給我的理由是「那家店很難預定，現在不定之後定不到」，或是「我是常客所以有折扣」，我便可以同意他的做法，但他卻只對我說：「因為我總覺得那個場地不錯」，這個理由完全無法說服我。因此，我要求他馬上列出其他場地的名單。

許多人很常憑「總覺得～」的感覺做決定，例如；

- 總覺得想打開信箱看看。
- 總覺得想拜訪這位客戶。
- 總覺得應該要從這項工作開始著手。

如果想改掉憑「總覺得」行動的壞習慣，思考時最好養成找出三個理由。這麼做除了更容易說服對方，也能提升自己的決策品質。

我周遭的經營者或講師也常使用三個理由說服別人，讓別人跟自己站在同一陣線的能力堪稱一流。除了有邏輯地傳達自己的意見，語氣也充滿自信，可以清楚地將自己的想法傳達給對方，讓工作得以順利進行。

相反地，如果沒有養成為決策想理由的習慣，在傳達自己的想法時，解釋的方式也會漫無章法，對方當然很難認同你的決策。要是遭受反駁，你也毫無招架之力。

三個理由說話術還可以用在被託付過多工作時。若有人拜託你做事，別再感情用事地說：「辦不到就是辦不到，不要找我！」試著想出辦不到的三個理由勸退對方。而且，說不定想了三個理由後，原本認為辦不到的事，也會找到「辦得到」的轉機。

工作筆記

每個人的價值觀及想法不盡相同，所以很多時候無法坦率地認同他人的提議。但是，如果其中有自己也能認同的理由，便能欣然接受這個意見。

習慣19

怎樣克服急躁或拖延？得抓住判斷的時機與風險

我分析一萬名商務人士的行為數據後，發現經常判斷錯誤的人都有個共通點。這個共通點不是方法也不是個性問題，而是**時間點**。

舉例來說，有人把當下必須做出決定的事情延後處理，結果導致失敗收場。當然也有人的情況正好相反，明明是不需要馬上做決定的事，卻因為匆忙決定而以失敗作收。

以我個人的例子來說，現在會花較多時間在徵才活動上，也經常思考該在什麼時間點決定錄取應徵者。

因為我認為相較於錄取與否，時間點更為重要。假設準錄取名單中有A求職者，但卻覺得後來面試的B求職者條件更好。此時礙於錄取人數有限，就會捨棄A而錄取B。

然而，來面試的求職者同時也會接受其他公司的面試，如果你的公司考慮時間太長，通知錄取時對方可能會說：「我已經決定到其他公司上班。」相反地，如果面試當下就決定錄取對方，可能會出現用人不慎的失敗。因此，我在決定是否錄取時，非常重視時間點。

當部屬向我提出企劃案、待處理的問題，或決定商品開發策略時，**我在思考如何決定前，一樣會先問自己：「現在就應該做出決定嗎？」**

開始重視判斷的時間點後，就會發現許多事情不必急著當下做決定。如前文所述，判斷是一種能力，但使用後就會消耗心力。因此，務必清楚區分哪些事必須做出決定，哪些事不用馬上做決定，並養成做決定前捫心自問的習慣：「現在應該馬上做決定嗎？還是日後再決定也可以？」持續這個習慣後，需要判斷的次數就會驟減。

當部屬找我詢問某專案是否可行時，因為不是特別重要，我會隔一段時間再做判斷。幾天後，當我再次問起該專案，部屬表示已經處理妥當。就結果來說，我省下幫部屬做決定的心力。

換句話說，**「不需要決定」的事情遠比我們想像中還多**。只要鎖定需要做決定的工作並做出正確決定，工作效率就能提升。

接下來，我想再舉一個判斷時間點的例子。由於員工人數增加，我決定尋找新的辦公室。雖然已經有人向我介紹某個條件不錯的物件，但因為還有其他事情要處理，預計再過幾個月才會搬離，於是我便繼續尋找其他條件不錯的物件。這段期間，又有人介紹其他物件給我參考。

經過比較過後，從地點、搬家費用等方面來考量，前者的條件都比後者優越，所以我最後決定選擇前者。在判斷資訊不齊全的情況下做決定會有所迷惘，因為沒有相關保障或依據，判斷的精準度也會跟著降低。所以，為了提高判斷精準度，等資訊蒐集齊全後再判斷也不遲。

不過，如果決定的時間拖得太長，可能發生被別人先下手為強的情況。因此，更要仔細考量「現在馬上做決定的風險」與「日後再決定的風險」，比較兩者的利弊後，便能計算出做決定的適當時間點。

養成這種思考習慣後，我自然而然就會常將「判斷風險」當作考量的重點。畢竟不管處於什麼情況，判斷都伴隨著風險。然而，我們總認為自己的判斷正確，而經常忽略風險、忘記做好事前準備。

如果能養成考量判斷風險的習慣，**不僅能準確計算判斷的時間點，還能清楚知道有什麼風險，就算判斷錯誤，也可以馬上補救。**

在應用於升遷考試的籃中演練中，應試者採取的決策形式佔了極高的評分比例。舉例來說，如果遇到不即刻做決定就會產生極大風險的問題，卻遲遲未做出決定，就會變成「錯失良機」；相反地，明明應該蒐集更多資料後再行判斷，卻立刻做出決定，則會變成「匆忙決策」。

我還發現，不會判斷風險的人，通常很容易衝動購物。也有些人認為凡事立刻做決定比較好，因此經常行事倉促，導致事後花大量時間彌補、修正。另一方面，還有些人常錯過判斷的時間點，總是要他人催促後才做決定，容易喪失大好機會。

懂得準確判斷時間點的人，當身邊朋友打算即刻做某個決定時，他會給予「最好再蒐集多一點資料」的建言；當主管不知如何決定時，他會督促主管：「現在若沒有做出決定，將會面臨○○風險」，並請主管盡速做決定。

這種人通常能得到來自周遭的正面評價，大家會說他們思維冷靜，能夠做出正確判斷。總體來說，只要重視判斷的時間點，就可以正確地解決許多問題。

工作筆記

仔細比較「現在馬上做決定的風險」與「日後再決定的風險」，便能計算出做決定的適當時間點。

習慣20

信件永遠處理不完？排除「無意義信件」節省時間

各位收到電子郵件後，回信率大約是多少呢？我的回信率大約是三成。雖然只看百分比很難判斷這個數字是多是少。不過，以前我的回信率高達五成，所以覺得現在的回信率大幅降低。

我的基本原則是盡量不回信，這麼做當然跟優先順序的考量有關，因為我認為回覆內容無意義的郵件，緊急程度或重要度都很低。

當然，回覆別人寄來的郵件很重要，我也跟大家一樣，不希望對方感到不安，讓對方擔心：「是否看過信了？」

雖說不想讓對方擔心，但如果每封郵件都回信，恐怕沒有時間處理原本該做的事。所以，我把回信**分成「有意義的回信」與「無意義的回信」兩種。有意義的回信就是傳達事項內容的信。**而且，傳達的事項必須對收信人有價值。**而無意義的回信，則是單純為了滿足寄信人的需求。**由於無意義的回信不僅浪費自己的時間，也會浪費對方的時間，所以我盡量不回這種信。我要告訴各位的觀念是，盡量減少回信數，以及減少處理無用資訊的時間。

電子郵件是便利的工具，寄信人可以隨時隨地、隨心所欲地寄出各種資訊。我自己也曾不小心在電子郵件上寫下太多資訊，甚至寄出內文像原稿一樣的郵件。當各位也像過去的我一樣出現這些行為時，請暫且停下動作，好好思考：「收信人到底是以什麼樣的心情看待這封郵件呢？」

假設郵件的內容夾雜幾個問題，對方首先要了解這些問題後，才能思考每個問題的答案。因此，即使我把這類郵件歸類為「有意義的郵件」，也會同時思考這封郵件對收信人而言，究竟是否真的重要。寫郵件時，光是主詞使用「對方」

或是「自己」，就會對郵件的內容或質量產生極大影響。

我在轉寄電子郵件給部屬時，有個一貫原則，我不會一股腦地全部轉寄，而是思考：「這些內容真的是必要資訊嗎？值得轉寄給部屬嗎？」

傳遞資訊時，請記住一個觀念：「在必要的時候」只將「必要資訊」中「真正需要的部分」傳達給對方知道。

以這個觀念為基準來排定優先順序，並依此處理電子郵件後，就可以大幅縮減瀏覽郵件的時間。

就如前文所述，紙會降低工作的產能。我現在除了少用紙張，也努力削減電子郵件數。電子郵件並不是溝通工具，也不是傳達大量資訊的工具。而是對方可以隨時隨地確認內容的工具，也就是彼此的記錄，有時候還是「傳送檔案的工具」。

如果寄信者和收信者都能把電子郵件定位為有用、有意義的工具，就不會出現無意義的轉寄或多餘的回信。

沒有養成這個習慣的人，會習慣依序打開每封電子郵件閱讀、確認每封郵件的內容。據我觀察，他們通常也很難拒絕聚餐活動之類的邀約。

想提升工作效率及品質，人際關係的交流溝通方式也一定要有所取捨。

工作筆記

傳遞資訊時請記住：在必要時後，只將必要資訊中真正需要的部分傳達給對方。

習慣21

開會前先集中焦點，決定不用提出哪些事項

除了電子郵件之外，會議也是影響工作效率與品質的重要關鍵。因此，在開會前決定好「不用提出的事項」非常重要。

會議是讓大家暢所欲言的場合。透過會議，可以一次把許多事情傳達給所有人。過去，我總認為在有限的會議時間裡，應該盡可能向大家分享與傳達事情。然而，我的角色變成傾聽者後，察覺到這個想法大錯特錯，過去太過重視會議的傳達功能，事實上應該要精簡傳達事項。

如果在會議上灌輸大量資訊給部屬，他們往往很難一次全部吸收，很容易發

生消化不良的問題。假設必須在會議中發表七件事，並不是一次發表七件事，而是鎖定其中的三件，其餘四件則不發表。一次提出七件事，部屬很容易連一件都記不住，但只提出三件事，對方就能全部記住而且充分了解。為了讓部屬掌握重點，應事先想好哪些事情不需要在會議中提及，這就是傳達事項的優先順序。

這個原則不只可用在傳達資訊，對部屬下達指示也同樣適用。一次下達過多指示，對方會心想：「等一下，一次說這麼多，我根本搞不清楚。」但如果最多只下達三件事，部屬就可以全盤了解並確實執行。

雖然人類的大腦能接收大量資訊，卻無法一次理解所有接收到的訊息。因此，鎖定重點部分傳達，就能有效避免失誤發生。

我曾在自己的公司內進行過以下的實驗：

開會時，如果把原本的十件事減少為三件，會是什麼情況呢？

首先，我依舊在會議中提出十件事，三天後向部屬確認時，發現若不看筆記，沒有人記得內容。接著，我改為只傳達三件事，結果有七成的人完全理解。

這時候可能有人會問：「為什麼不是全部的人都聽懂呢？」我自己也不可能百分之百記住三天前別人告訴我的三件事情，所以能有一半的人理解，就算是不錯的成果。

只要有一半的人理解，當有人採取錯誤行動時，其他理解的人就會及時察覺並加以導正，讓事情朝正確的方向發展。

想讓所有人百分之百理解也有方法，那就是耐心地一次只傳達一件事。當我不厭其煩地一再提出相同的事項，三天後所有部屬都能聽懂並記住。然而，這麼一來一次就只能傳達一件事。權衡之下，我將每次傳達的事項限定為三件。

我成為組織的最高階主管後，我最困擾的就是訊息傳達速度過慢，而且準確性很低。我向高階主管傳達訊息後，都要過很長一段時間，組織的基層人員才會知道這個訊息，而且不夠準確。

若希望事業營運順利，不只要傳達訊息給高層主管，也要讓一般員工及兼職員工知道上級的旨意。

然而，資訊的循環能力比想像中的差。訊息的傳遞情況實際上不如發信端所想得順利，總是無法正確又迅速地傳達。就像溫暖的血液無法送達末梢部位，導致手腳冰冷。所以，不用執著於一次傳達大量資訊，而是選擇高優先順序的資訊來傳達，才能確保準確性。

人類的大腦無法在短時間內釐清太多事情。我的公司在舉辦培訓課程時，雖然播放五十張投影片，一樣只會選出三張投影片，並告訴學員：「這三張投影片上寫的內容最重要。」總而言之，只要改變傳達訊息的方式，工作效率與品質也會跟著提升。

懂得抓重點的人，發言時會讓人感到有安全感，因為聽者少了動腦思考話中涵義的壓力，因此能輕鬆地把重點記在腦海中，也絕對不會忘記。

相反地，不懂發言訣竅的人，常讓人感到壓力。他們雖然努力地報告許多事情，但是站在聽者的角度，除了要聽發言者所說的內容，還要花心思掌握報告重點，根本無法記住內容。因此，向人傳達訊息時，一定要養成說重點的習慣。

我在為期一天的培訓課程中，傳達的訊息也以三件為限。因為如果超出三件，學員的理解效果就會減弱。

綜合以上所述，傳達訊息時一定要鎖定重點、告知對方最重要的訊息，這樣才能提高傳達訊息時的品質及效率。

工作筆記

大腦能夠接收大量資訊，卻無法一次全部理解。因此，傳達時鎖定重點部分，就能有效避免失誤發生。

習慣22 推辭2成感興趣的工作，能避免失誤且贏得信賴

幾年前，我曾經在某大學開辦培訓課程，如今該大學再度邀請我開課，我感到非常榮幸。雖然我的培訓課程專為管理職商務人士量身打造，但是這所大學如此念舊，再度指名由我開課，真的讓我感到很開心。

不過，原則上我從二〇一五年開始就不接培訓講師的工作。因此，只要有人邀請我擔任講師，我都慎重地謝絕承辦人的邀請，並且推薦其他適合的講師。

然而，這所大學的承辦人直接打電話給我，在電話中盛意拳拳地邀請我一定要到他們學校授課，令人感動不已。我被對方說得有點動心，差點就脫口說

出：「那麼，這次就算特例吧！」但最後還是堅守原則，抑制內心的衝動去拒絕對方。

以前，我的字典裡沒有「推辭工作」四個字。創業初期，為了糊口，我什麼工作都願意接，有時候甚至還必須向人低頭。不過，大概在創業第二年後，工作的供需狀況出現改變。

由於當時我出版書籍，社會吹起小小的籃中演練熱潮。一接起電話，幾乎都是請我開辦培訓課程，打開電子郵件就是請我寫書的邀約，連社群網站也接收到許多演講、合作創業的邀請。

我心想：「人家都這麼有誠意地邀請我，如果拒絕很過意不去。」所以只要有邀約，我都全部接下。

但是，隨著工作量的增加，我發現自己的工作品質也隨之下降。某次上課時，我發現學員的表情不像往常一樣專注。我終於注意到自己的課程內容變得千篇一律、沒有新鮮感。於是我反問自己：

「我是不是太累了？」

「我這樣根本不是在工作，授課就像為了把作業完成、毫無樂趣。」

當我把所有的抱怨傾囊而出後，最後得到一個答案：「接了太多工作。」

那時的狀況好比是一家一天只能生產一百個產品的工廠，硬要生產線二十四小時開工，每天生產超過兩百個的產品。一位講述時間管理的講師，實在不應該讓自己被時間追著跑、降低自己的工作品質。

於是，我決定改變思維，開始產生婉拒工作的想法。不過，當我浮現這個想法後，卻面臨更嚴重的問題：

「我到底該拒絕哪項工作？」

「要拒絕新的邀約嗎？」

「還是拒絕低報酬的工作？」

最後我決定視「影響程度」，為上門的工作排定優先順序。如果上門的工作是「每年都到某企業舉辦的培訓課程」與「在都是顧問和講師的讀書會中演講」兩種，我會接受後者，拒絕前者。

因為對我來說，「增加活用籃中演練的人數」才是主要的目標，而後者對於這個目標所產生的影響力較大。當我找到自己的判斷基準後，就可以勇敢地拒絕工作。

很不可思議地，雖然我拒絕了工作，找上門的工作卻不減反增，工作報酬也水漲船高。從工作的供需平衡角度來看，必然會有這樣的現象。因為拒絕工作的同時，工作品質也會跟著上升。對於每份工作，我都有充分的準備時間，學員的滿意度也跟著提升。

任何工作都會消耗心力、體力與時間，所以我們不應該什麼工作都接受，而

是要挑選工作。我們常對新進員工說：「不管是什麼工作，都不要排斥或拒絕，試著挑戰看看，闖出成果。」

然而，有了成果後，挑選工作的過程才是真正的重頭戲。許多人可能擔心養成挑選工作的習慣後，會被人揶揄：「這個人會挑工作做。」不過，你是為了有最佳表現才挑工作，而且這麼做確實能提高工作的精準性。

假設某個業務員沒有挑選工作的習慣，接了十個報酬皆為十萬日圓的工作，創造了一百萬日圓的營業額；相較之下，習慣挑選工作的業務員，只要投注心力於報酬一百萬日圓的工作，就可以輕鬆達成一百萬日圓的業績。

此外，有挑選工作習慣的業務員只要專心做一項工作，所以很少有失誤，自然能贏得對方的信任。相反地，沒有挑選工作習慣的業務員雖然接了許多工作，卻被時間追著跑，導致工作進度一再延遲、失誤連連，最後失去信任。

如果想要提升工作效率與品質，除了必須權衡供需比例之外，還要妥善安排工作的優先順序。

工作筆記

不管什麼工作，都會消耗心力、體力與時間，所以我們不該什麼工作都接受，而是要挑選影響程度高的工作。

習慣23
開會不發配紙本資料，來培養歸納與提問的能力

如我前文所言，紙會降低工作的產能，因此我的公司開會時完全不會用到任何文件資料。換句話說，不會在會議上發配文件資料。我的公司創業八年多來，每次會議都是如此，沒有例外。

紙張文件會降低產能是會議中不使用紙張的理由之一，但真正目的是想培養員工的溝通能力、磨練員工的**口頭表達能力**。

之前，我曾寫電子郵件向部屬確認某件事。當時是旺季，忙著要出版我公司製作的籃中演練題庫，卻在忙得不可開交時，發生了印刷機器壞掉的麻煩，必須

要購置新的機器。

由於我很在意買新機器這件事，於是就寄電子郵件給部屬，上面寫著：「請問印刷機器的事情處理得如何了？」

部屬的回信上寫：「首先會印三百六十本。接下來……。」

他的報告非常詳細，可是卻沒有回答我的問題，而是告訴我關於某企業大筆訂單的印刷狀況。也許我的問題應該問得更詳細一點，但是這樣就會變成無效率的溝通。

其實這件事只要當面跟對方交談就能解決，但是因為對方不在現場，不知道該向部屬說明得多細節，也不知道該以怎樣的文字來表現我的問題。

我認為**面對面溝通是最有效率的傳達方法**。但是，最近電子郵件、簡訊、社群網站等各種傳達管道逐漸成為主流，直接表達的能力正在快速下滑。

與此同時，傾聽者的聽解能力也快速降低中。當我們的理解歸納能力降低時，提問能力也會跟著退步。正因為如此，會議記錄課程、提問力培訓等課程才會如此熱門。

如果任由狀況繼續發展下去，搞不好在不久的將來，人類的眼力會變得特別發達、口語和聽力卻走向退化。因此，若想提升工作效率和品質，最重要的就是在公司奠定直接溝通的風氣，鼓勵員工面對面溝通。

各位只要辦一場沒有文件資料的會議，就能明白我所說的事。若沒有文件資料可以參考時，傳達者必須思考自己該採取什麼樣的傳達方式，才能讓聽眾抓到重點。聽者會因為沒有文件資料可閱讀，專心聽別人發言，進而吸收理解、做筆記。

在開會時，大家應該要踴躍發言，並且當場針對發言內容提出自己的意見。這不就是會議原本應有的樣貌嗎？

文件資料或電子郵件確實是相當便利的工具，也可以取代親口傳達內容。但是，想確實傳達自己的意見時，有什麼方法會比跟對方面對面、看著對方的表情、自己親口傳達更有效率呢？

各位可以好好思考「發送訊息」與「傳達訊息」的差異。**「發送訊息」是不在乎對方是否理解，只是一味發散訊息的行為。相對地，為了讓對方更容易理解，盡量採取簡單易懂的傳達方式，則稱為「傳達訊息」。**

文件資料或電郵基本上都屬於發送訊息，但若只有發送訊息，很難創造出優異的工作成果。只有確實地傳達訊息，才能提升工作品質及效率。

確實具備傳達溝通能力的人，在向客戶傳達重要資訊時，絕對不會使用便利的電子郵件。因為是重要資訊，傳達優先順序會提升到口頭傳達的等級。

工作筆記

「發送訊息」是不論對方是否理解，只是一味發散訊息。相對地，為了讓對方更容易理解，盡量簡單易懂地傳達則稱為「傳達訊息」。

習慣24

把電子郵件的信箱與內容分類，能減輕工作負擔

各位擁有幾個電子郵件帳號呢？我有三個帳號。兩個帳號是公事用途，一個是私人用途。因為我習慣將郵件依照緊急程度分類，所以同時擁有兩個公事用郵件帳號。

我將對外聯繫的郵件和公司內部緊急郵件，歸類為緊急重要郵件，並隨時透過手機確認這些郵件。而部屬的定期報告或轉寄給我的資訊等，則屬於其他類郵件，我的瀏覽頻率通常為一天一次或兩天一次。

我在手機中並沒有登入其他類郵件的帳號，我這麼分類的理由其實很簡單，

因為一旦設定為可以透過手機確認，就會一直很在意，變得隨時想查看手機、確認有無來信。就結果來看，反而容易耗費時間及體力在不重要的事情上。

我將郵件帳號分成兩個之後，就能在短時間內，迅速分類收到的郵件。我過去只用一個帳號接收信件，結果公司內部郵件、對外郵件以及廣告郵件全部都寄到同一個信箱裡，害得我不得不頻繁分類郵件。不過，由於我想減輕將郵件依資料夾分類的作業程序，因此一直摸索可以自動分類郵件的方法。

自從我分類帳號後，可以更迅速地處理重要郵件，也能快速瀏覽重要性較低的郵件。我每天會接收到大約兩百封郵件，而其中緊急郵件大概佔了十封左右。也就是說，以前我必須每天確認並處理約兩百封郵件，現在只要處理完約十封電郵，就等於完成大半的工作。

利用分類將時間花在重要事情上，不是只限於處理電郵。當整理堆積如山的文件資料時，首要之務也是依重要性分類。

要提升工作的效率及品質，關鍵就是要把時間、心力及體力用在重要的工作上。每次我在培訓課程提到分類的話題時，一定會有學員問我以下的問題：「比起分類，先進行可以簡單完成的工作不是更有效率嗎？」

這麼說也沒錯，若把分類的時間拿來處理只要蓋章的文件，就可以快速完成，我當然沒有否定這個做法的意思。但是即使是簡單的工作，也一樣會耗費時間、心力及體力。而且，若不妥善分類，一旦它們堆積如山時，也要花許多時間處理。

除了上述的分類法，我還想在此分享另一個分類法。我將部屬寄給我的郵件分成「報告類」及「請求確認」兩大類。

我要求部屬在寄郵件給我時自己先主動分類，把原本一封電郵就能說明完畢的內容，按重要性特意分成兩封。如果將報告與請求確認的事項擠在一封郵件，等於把重要與非重要的內容混在一起，收信人很難區分這封郵件的重要性。

將請求確認的事項挑出來後，再以另外一封郵件寄出，我就會把它視為重要性高的工作來處理，然後再利用空檔時間處理重要性低的報告類電郵。這樣分類能改善部屬的工作效率，因為我會馬上回覆請求確認的郵件，部屬便可以迅速著手處理這件事。

沒有分類習慣的人，會從手邊的事物開始處理，也經常頻繁地檢視郵件，將時間、心力及體力都耗費在事務性工作上。相反地，養成分類習慣的人不僅會花心思分類，也會思考更便利的分類方法。

我的公司也有擅長分類的員工。他們懂得掌握工作竅門，常常讓我在心裡驚呼：「他是什麼時候把工作完成的？」、「天啊？這麼快就弄好了！」只要把事情交待給他們，工作的效率與品質都無庸置疑。

工作筆記

利用分類將時間花在重要事情上，不是只限於處理電郵。對於堆積如山的文件資料，首要之務也是依重要性分類。

習慣25

運用「傳達率50%原則」，確認對方已理解多少

與人溝通時，我會特別提醒自己：**「我可能只向對方傳達一半自己想說的話。」**因此，與人溝通時我絕對不會想：「就向對方說這些」，而是想：「是否還有一些話沒說？」

我曾分析自己溝通失敗的案例，發現多數原因是因為「沒有說出來」，再進一步深入分析後，終於找出根本原因。癥結在於我深信自己「已經傳達得很清楚，該說的都說了。」因此，我才會想到「傳達率五〇％」原則。

因此，主管在傳達事項時，要在結束對話前，加上「以防萬一」等語句，確

認部屬是否聽懂自己想傳達的訊息重點。如果部屬弄錯事情的方向性，不僅會影響部屬本人，也會影響公司的其他行動。

所以，當傳達決策方向性時，請採取提問溝通的方式。簡單來說，就是向部屬傳達意見，再藉由提問確認部屬是否確實理解。這就是我在溝通時使用的「傳達率五〇%原則。」

首先，用問句向部屬確認：「關於我剛剛說的話，你有什麼想法？」再藉由部屬的回答，掌握對方的理解程度。

自從我採取傳達率五〇%原則後，很少再有部屬回答：「啊，我沒聽說這件事。」而且溝通理解度也比以往高出許多。

正確的溝通理解，並不是下指示的人單向地發送訊息，而是雙方達到共識、認知一致，這才是最重要的。

老實說，在認為該說的話都說清楚之前，一一確認對方是否了解的過程確實相當費時，看在許多人眼裡可能會覺得多此一舉、浪費時間。

然而，如果彼此的溝通認知不一致，就像兩個緊閉雙眼的人要碰到彼此食指一樣困難。因此，當一個團隊的成員彼此認知相同、想法一致，工作效率自然會提高，也能有更優異的表現。

每當發生問題時，沒有這個習慣的人，就會理直氣壯地說：「我已經有下達指示」、「為什麼他們無法照指示行事」，一味地向部屬或身邊人強調自己的作為是正確的，還會感嘆對方無法理解自己。

相反地，養成這個習慣的人會成為溝通高手。他會邊提問題邊確認，讓部屬或身邊人做起事來更容易，有優異的成果表現也是理所當然。而且，他們還會確認需要下達這個指示的原因後，再指派任務，可以減少部屬途中再行確認的時間，有效縮短工作的時間。

發生狀況時，不要只以一句「因為溝通不良」輕輕帶過，只有改善自以為是的溝通理解方式，才能提升彼此的工作效率及品質。因此，我認為確認對方理解程度的行為，屬於高優先處理順序。

工作筆記

正確的溝通理解，並不是下指示的人單向地發送訊息，而是雙方達到共識、認知一致。

第4章

忙碌永無止盡？用「矩陣」來管理進度

工作本身有廣度及深度。所謂廣度指的是工作量，深度則是指工作的完成精準度。該如何拿捏兩者之間的平衡，對成果也會有所影響。當工作累積過多，我們就會忘記在廣度與深度之間取得平衡。

習慣26

除了列出工作清單，還要用矩陣來管理進度

下頁的時間管理矩陣表是我常用來管理工作進度的工具，縱軸表示緊急程度，橫軸表示重要程度，我會將所有該完成的工作全部寫在矩陣表上。

我習慣每週看一次矩陣表，並將本週該完成的工作記載於行事曆上。舉例來說，我會把重新檢討錄取應屆畢業生計畫的工作，安排在「緊急度低、重要度高」的B象限。雖然不是現在馬上就要執行，但能否確保優秀人才對於公司營運影響甚大，所以是非常重要的事。

我把檢查修潤原稿的工作排在「緊急度高、重要度低」的C象限。因為原稿

時間管理矩陣表

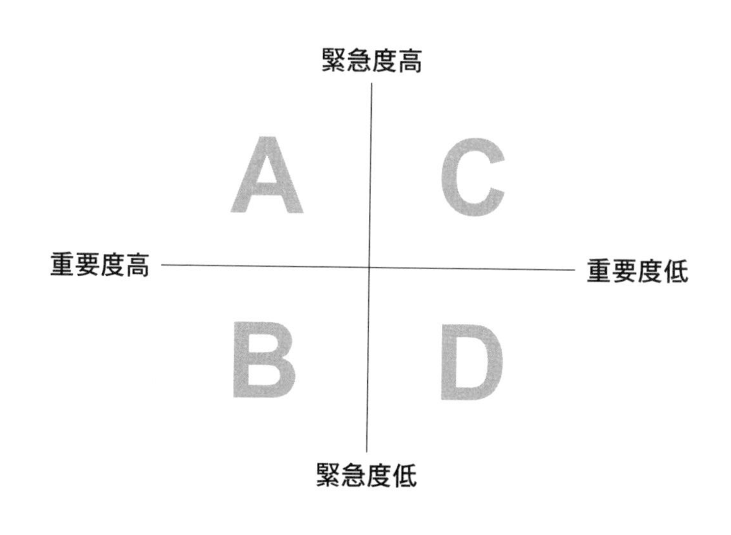

A 象限的項目

- 截止日期迫在眉梢的工作
- 客訴處理
- 必須迅速解決的課題
- 重要會議、商討公事
- 危機處理（例如災害等）

B 象限的項目

- 工作的準備、安排、擬定計畫
- 自我投資（學習、自我啟發）
- 建立人脈或人際關係
- 改善自家產品或服務
- 維持健康

C 象限的項目

- 回應電話或郵件
- 重要度低的會議或報告
- 客人突來的造訪
- 非必要的接待
- 所有雜務

D 象限的項目

- 浪費時間的長時通話
- 與工作無關的閒聊
- 消磨時間的娛樂

幾乎都完成了，不需要花費太多心力。

如上所述，透過縱軸與橫軸得以瀏覽所有應該完成的工作，且可以一目瞭然地知道自己該處理哪件事？該花費心思於哪個象限的工作？

以前，我會在自己的筆記本上，製作待辦事項清單（To Do List）來安排行程。但是，這樣很容易把真正該完成的工作延後，所以我另外使用矩陣表管理工作清單。

自從使用矩陣表管理工作後，我不再只依據期限安排工作的處理順序，而是依工作的重要程度及緊急程度來處理，大幅改善了工作效率。現在如果沒有使用矩陣表，感覺就像遺失工作指南針，覺得難以平靜下來。

接下來，我想向大家說明用矩陣表管理工作進度的三大好處。

第一個好處是能清楚掌握目前應處理的工作，讓我的視野變得更加寬廣，對於下一個工作的內容也能馬上了然於胸。

舉例來說，如果我們將工作清單記錄於行事曆上，常常容易只注意到緊急的項目。不過，如果使用矩陣表，視野會變得更加寬廣。因為檢閱矩陣表時，腦子裡會想到未來該處理的工作，進而有效安排時間。

第二個好處是可以一目瞭然，確實掌握自己的工作安排。只要看了矩陣表，就知道要花多少時間處理非常緊急但不重要的事，或是已經火燒屁股的事情。對於緊急但不重要的事，如果看了矩陣表後，覺得自己沒有餘力解決，可以交給其他人處理。

第三個好處是可以清楚掌握每項工作的進度。因為我長久以來都使用矩陣表來管理時間，看矩陣表就像在看影片。

假設B象限的工作都沒有處理，手邊工作的緊急程度會逐漸上升，可以預想到，最後必須要處理一堆火燒屁股的工作。

預想到未來情況後會驚覺：從下週開始，放置不管的事項緊急度將會提升。為了避免在百忙之中處理緊急情況，應該及早採取對策。能夠開拓眼界、掌握事情的輕重緩急，也是矩陣表的優點之一。

將事情依據緊急度及重要度區分後，四個象限各自的特性就會躍然紙上。接著再掌握四個象限的特徵，並思考該將心力投注於哪個象限後，就會影響隔週以後的工作安排。

例如，每天被A象限工作追著跑的人，應該將心力投注於問題根源，也就是B象限的工作。如果C象限工作的比例佔整體百分之二十以上，應該再削減工作量，或把一些工作交給其他人完成。

此外，將心力投注於B象限的工作之後，或許短期內無法立刻看到成效，而難以產生成就感，但若真的想提升工作品質，一定要處理B象限的工作。

致力於B象限工作的人會防患未然、避免問題發生，並同時培育自己的接班人，所以並不會忙到天昏地暗。而且，他們會為了取得證照而學習，或是努力建立人脈。若發生了A象限的問題，他們也會反省自己，是否沒有投注足夠的心力在B象限的工作上。

另一方面，被A象限和C象限工作追著跑的人有個共同特徵，就是沒有重要度與緊急度的衡量標準，因此當然不會投注心力在B象限的工作上。

而且，即使出現問題，他們也會採取應急的手段處理。而且，由於總是被時間追著跑，所有事情經常只處理表面或者一半。其中有的人甚至對於解決麻煩樂在其中。

然而，一旦工作時間被削減，很遺憾地，大部分的人會想要先從B象限的工作開始削減。前幾天，某企業將原先預約的培訓課程延期，而理由是「因為進行作業方式改革、沒辦法加班，所以如今現場變得非常忙碌，抽不出時間上課。」

正因為工作過於忙碌，才要學習如何擺脫窮忙，但教育訓練無法馬上看到效果，所以經常被當成第一個砍掉的對象。

以A象限及C象限為優先，而忽視B象限的現象，我稱為「**AC思維**」。AC思維重視當下，B象限在意未來。不用我說明，各位也看得出哪個思維能提升工作效率及品質。

若不想讓自己陷入AC思維的困境裡，請務必在大腦裡畫個矩陣表，好好地分配工作。

工作筆記

用矩陣表管理工作能讓視野變得更寬廣，還能確實掌握工作的排定順序，並且清楚了解每項工作的進度。

習慣27

每日花5分鐘回顧，讓PDCA循環正常運作

我們一向很在意自己運用時間的方法，不過卻只在意「今後要用的時間」，對於回顧「已經使用的時間」，卻往往無動於衷。

我曾在培訓課程上，對大約三十名學員進行為時六十分鐘的籃中演練測驗。測驗結束後，我問學員：「這次的測驗用了六十分鐘，大家對於這樣的時間運用方式感到滿意嗎？」

聽了我的問題後，並沒有人舉手。於是我又接著問：「那麼，有人能清楚說明這六十分鐘的使用流程嗎？」這時約有三成的學員舉手。

我的問題重點不在於為何無法在六十分鐘之內做完測驗，而是能否回顧自己時間的使用過程。

會場大多人都覺得「做不完、時間不夠」，但是有三成的人會思考：**「為什麼時間不夠？」**其實，這就是提升工作效率及品質的關鍵。我自己也把「回顧」放在高優先順位。

我重視回顧的原因在於讓PDCA❷循環正常運作。首先用心擬定計畫，然後執行、檢核，再將這個經驗活用於下一個計畫中。

透過這個流程，可以提高工作效率，品質也會變得更好。回顧自己過去的工作過程，一定可以釐清「為什麼會那麼忙？」、「為何結果不如預期？」的原因。但是，現在有許多人的問題，就是常把過去和未來當成兩件事看待。

曾經有某位主管級的人物找我訴苦，當時他對我說：「因為部屬向我報告或找我商討事情，害得我要等到傍晚才能開始處理自己的工作。」

我問他：「你打算如何解決這個問題呢？」他回答：「我只能祈求不要再有

人來找我商量事情。」

我建議他回顧一下自己的工作執行方式或計畫，沒想到他竟然說：「那不重要吧？我比較希望你能教我如何快速又確實地解決部屬的問題。」

多數傳授時間管理方法的書籍，都在講述未來的時間管理，但是我認為，**我們可以從過去的時間安排中，找到最重要的改善關鍵。回顧過去時間管理所得到的啟示，不僅能運用於下一次的計畫中，也是提升目前工作品質的最佳方法。**

有回顧習慣的人，會把工作計畫及實際結果寫在筆記本的預定計畫空格裡，進而清楚且正確地掌握工作所需的作業時間。此外，寫日記或部落格也能替自己確保回顧的時間。

相反地，若沒有養成回顧的習慣，在會議上便經常會出現超時發言，或是辭

---

❷ 也可稱為戴明迴圈（Deming Cycle）。是計畫（Plan）、執行（Do）、檢核（Check）、行動（Act）的英文字首縮寫。

不達意的情況發生。

可能有人會認為：「回顧？我根本沒那個時間。」但是，我不認為回顧當天的工作狀況需要花費太多時間。

實際上，回顧只要五分鐘就夠了。可以問自己：「今天幫自己打幾分呢？」如果分數達到你自認的合格標準，不妨獎勵一下自己，吃個美食犒賞也不錯。萬一分數不及格，只需要好好思考：「該怎麼做才能及格呢？」找出改善點屬於高優先順序的行動，只要持之以恆，一定能提升工作能力。

工作筆記

回顧過去的時間管理後，就能充分掌握時間運用的效率，也能從中找到最重要的改善關鍵。

習慣28 寫部落格好處多，天天持之以恆能激發最大潛力

十多年來，我每天堅持寫部落格從未間斷。在二〇一〇年，我也開始經營公司的官方部落格（http://ameblo.jp/inbasket55/）。由於這個習慣已經根深柢固，我每天早上一定會花十分鐘寫部落格。

而我寫部落格的首要目的，是為了留言給未來的自己。我的個性樂觀，馬上就會忘掉過去的失敗或煩惱。不過，如果沒有記取失敗的教訓，工作品質永遠無法提升。

因此，我決定把過去失敗的教訓當成是給未來自己的留言，用部落格記錄下

來。另外，我想介紹經營部落格的諸多好處。

首先是可以回顧過去的教訓，而且保留曾浮現腦海的點子，還能把現在用不上、未來可能派上用場的想法記下來，這是一件很棒的事。有好幾次，我記錄於部落格的點子幫了我很大的忙。

此外，因為我將部落格設定為公開，可以自然地以自己的身分發送訊息。即使無法與許多人碰面，也可以透過部落格保持聯繫。甚至有數年不見的朋友對我說：「我每天都在追蹤你的部落格喔！」

經營部落格最大的好處就是**訓練迅速歸納整理的能力**。我寫部落格的時間為十分鐘，書寫時幾乎不會花太多時間思考內容。因為，我在動手撰寫前，已經先整理好內容、確保品質。

在此，我想跟大家強調的重點是「十分鐘」。即使想寫豐富一點的內容，也務必在十分鐘內整理、撰寫完畢，可以訓練自己在短時間內提升工作效率及品質。

舉例來說，我經常需要聽各式各樣的簡報，令我覺得很棒的簡報幾乎全都是歸納整理做得很齊全。能在短時間內將想說的話完整表達出來，讓我不禁想拍手鼓掌。

不過，優異的歸納整理能力並非天生，完全是靠磨練而成。在發表前，要思考如何發言，並不斷在腦海中練習歸納想表達的內容。就好比只要練習寫俳句後，每個人都可以寫出來。

只要耐心地訓練自己、每天不間斷地重複練習，有朝一日必會發現，自己已經具備這個能力。

我從未想過要提升部落格的品質，但因為每天持續撰寫，培養出迅速整理發言內容的能力。只不過是描寫每天早晨的情景，描述能力竟然跟著進步。而且，寫部落格不只可以回顧昨日，還會下意識地去注意今天該做的工作。

之前曾有一次因為網站系統的問題，讓我沒辦法寫部落格。那天早上的感覺就像沒有洗臉一樣，整個人非常不自在。在持續的訓練變成日常作息後，一旦停止下來，就會感到不安，這個現象對於自我成長也有莫大的助益。

如果電視臺同時介紹一家新開的餐廳，和創業五十年以上的老餐館，後者會更吸引我。因為我覺得多年來競競業業地營運至今，非常值得讚賞。

常有人說**持之以恆就能化為力量**，**我認為持之以恆的習慣不僅能激發最大潛力，也是能在短時間內完成高品質工作的方法**。

持之以恆的人擅長與他人建立信任關係，即使沒有特別重要的事，他們也勤於與人聯繫、碰面，進而維持良好關係。

雖然短時間內看不出工作成效，但將時間拉長來看，持之以恆的人表現絕對更加優異。相反地，無法持之以恆的人總是碰到問題後，才見招拆招。

這種行為就像是出國一週前才開始猛練外語，結果出國後一句話也不會說，覺得很懊悔。回國後雖然下定決心學習會話，但只學一陣子就停止。

懂得腳踏實地、持續努力的人，一定能確實地把重要的工作完成，同時工作品質及效率也會大幅提升。

即使短期看不到成效，只要堅持到底，一定會有巨大的回報。這就是持之以恆的迷人之處。

工作筆記

歸納整理能力並非天生，完全靠磨練而成。在發表前，要思考如何發言，並不斷在腦海中練習歸納想表達的內容。

習慣29

利用 Google 日曆的「提醒」功能，以專注工作不分心

由於我平常都使用 Google 日曆管理行程，所以很少準備行事曆或筆記本。若使用 Google 日曆，可以省下改變日期、行程時，一再用橡皮擦修改的時間，而且畫面很整齊、一目瞭然。

不論是預約航班或是住宿飯店的入房時間，Google 日曆會經由寄送至電子郵件的資訊，主動讀取並記錄航班、住宿的日期與時間，省去自己輸入的麻煩。

Google 日曆最棒的功能就是「郵件提示」。只要在預定時間的前幾個小時設定好，系統就會自動發信、通知預約行程。

舉例來說，系統會發出以下通知：「訪客於三個小時後抵達」、「明天要搭乘下午兩點由羽田機場起飛的航班到大阪」。我將員工的生日記在行事曆上後，Google 也會通知我「今天是某某某的生日」。

我本來就記不住自己的行程或別人的名字，才會想到讓 Google 提示自己。以前我習慣翻閱筆記本確認，但光是花在「記憶」的時間就比別人多上許多。例如：我買了新幹線車票後，當下雖會記住座位是「8車14A」，但是一到月台，就忘得一乾二淨，我真的不擅長記東西。

而且，我也幾乎從未努力去記東西。因為我認為除了學校的課業之外，「記憶」這件事本身並沒有那麼重要。對我來說，削減喚醒記憶、減少記東西的時間更為重要。

自從我使用提示郵件的功能後，記東西的時間大幅減少。我不再需要停下手邊的工作，去翻查訪客抵達的時間，因為郵件會主動告知提醒。於是，我得以專心於眼前的工作，就結果來說，工作效率及品質都提升了。由此可知，為自己安排不會被干擾的環境至關重要。

在監中演練考試時，我發現生產力低的人會經常看手錶。我的意思不是說看手錶的行為不好，而是不要看得太頻繁，其實看手錶的次數只要一、兩次就夠了。況且當考試時間剩下十分鐘的時候，工作人員也會出聲提醒學員。

此外，考場中也常見到有人可能是想不起來答案的字怎麼寫，所以維持著苦思的表情、任憑時間流逝。在這種時候，與其一直回想正確的字該怎麼寫，用注音趕快把答案寫出來更重要。當手停下來，思緒也會跟著暫停，這樣的差距會對產能造成極大的影響。

我想說的是，**不需要去記住、回想起所有的事物，只要把記憶這件事交給機器或身邊的專業人士負責，在必要的時候由他們來通知自己即可，這樣才能提升工作效率及品質**。

當你轉換思考模式後，會發現自己該記的東西變少了，可以把多出來的時間拿來處理該做的事，也更能集中精神。

例如，我每次與部屬開會時，都會對他們說：「十點半要開會，請在開會前五分鐘叫我」，這樣一來，在部屬通知我之前，我都可以專心一致地工作。

另外，與人見過面之後，我常容易忘記他們的名字，以及當時見面時的交談內容，所以我會把交談內容的筆記拍下來，儲存在名片應用程式或手機裡。

如果我一個月跟三百個人見面、交談，就等於一個月需要整理三百張名片，所以我決定放棄花心思去記這些人的名字、回想談話內容，而是把這些事情全部交給應用程式幫忙處理。

如果不懂得利用機器或讓身邊的人分擔工作，就必須經常翻閱筆記本，還要多次跟身邊人確認預約行程，很難集中心思工作。

另一方面，懂得安排工作環境，讓自己集中精神的人，則擁有足夠的個人時間，也更能專心工作。

若你想要全神貫注於工作上，必須先分類工作並排定優先順序，而且只處理必須由你出面的工作，至於不是非你不可的工作，若可以由其他管道或別人來分擔，就大方地請求協助，這才是提升工作效率及品質的關鍵。

工作筆記

不需要記住、回想所有的事物，只要交給機器或身邊的專業人士負責，並由他們在必要時通知即可。

習慣30 從容是絕妙點子的催生劑，因此要創造空檔時間

我搭飛機出差時，通常會提早兩個小時到機場，並利用待機的空檔，坐在貴賓室或候機室寫稿子，有時也會處理工作。

如果是去培訓課程會場，我會提早一個小時抵達，跟大家聊天說笑。提早到會場的原因之一當然是避免遲到，但最主要的目的是打造**從容的「空檔時間」**。

就像現在執筆撰寫這節時，我是待在羽田機場的貴賓室。我預定搭乘飛往關西機場、下午一點十五分起飛的航班，目前離起飛時間還有一個小時。

這一個小時的時間就是從容的空檔時間。如果這個空檔時間是在家裡度過，

並在飛機快起飛前抵達機場的話，又會是什麼情況呢？我保證在家裡的這一個小時，你一定會感到心慌不安。如此一來，心情就無法從容。

有一次，在某報社的籃中演練培訓課程會場，發生了一件意想不到的事。因為這個會場我已經去過三十次以上，對路徑相當熟悉。因此，我自覺從容，打算半小時前再抵達現場，而不是像以往一樣提早一個小時抵達。

然而，那一天因為行政部門掌握的學員數量，與實際來到會場的人數差距太大，現場來的人數比預期多很多。

如果來的人數少還不會有問題，但因為人數大幅增加，事前準備的教材不足，甚至連桌椅也不夠，我與主辦單位都忙得不可開交。

而且，我公司的教材有複製鎖碼，無法現場影印。直到開始上課前十分鐘，我才跟我公司的行政部門取得聯繫、確認教材的問題。掛掉電話後，再一分鐘後就要開始上課了。

不用說也知道，我當時的表情絲毫不從容，連平常講得很流利的部分都開始卡詞或結巴。之後，我才深刻體悟到，從容的態度是締造工作成果的根基。如果我當天提早一個小時到場，便可以妥善因應狀況，課程一定也能更順利地進行。

工作時保持從容的心情有哪些好處？從容是妙點子的催化劑，可以提升溝通品質、讓視野更寬廣、思緒更有遠見。而且，就算發生不可預期的意外，從容的空檔就等於緩衝時間，得以在不大幅變更計畫的情況下解決問題。

通常，我一天會完成三件事。不過，其實只要壓縮工作之間的空檔時間，就可能再多完成一份工作。也許有人會心想：「多做完一份工作，產能不是更高嗎？」但是，我卻不這麼認為。

因為，這就像是一直處於緊繃狀態的方向盤，沒有可以伸縮的空隙。這樣規畫作息，可說是充滿危險。

也就是說，擬定計畫時一定要刻意安排空檔時間，才能讓計畫預期進行、提升工作的品質。

如果擬定緊湊的計畫，萬一發生意外狀況，可能使整個計畫流程毀於一旦。

而且，若分分秒秒都在工作，沒有留給自己喘息的時間，就想不出好點子，也不可能跟別人有良好的溝通。

我家附近有家居酒屋，幾乎每天高朋滿座。他們家不但料理非常美味，上菜速度也快，而且每天有一半以上的菜單會更新，更棒的是服務品質相當好。

廚房裡經常會傳出笑聲，廚師們都很開心地烹調料理。看了這家店廚房的工作情形，就會覺得自己也變得活力充沛，我實在非常喜歡這家居酒屋。我認為正是因為店裡的氣氛愉快從容，才能醞釀出優異與高效率的服務品質。

另外，我還想透過科學角度，說明從容心情與工作品質及效率的關係。在實施籃中演練測驗時，我點名某學員進行面試演練。這名學員沒想到會被點名，並因為自己的計畫被打亂而焦慮不安。後來，能答出的題目數量竟然減少大約三成，品質也大幅下降。

若少了從容，以前能充分發揮的創造力、洞察力、人際交往能力，也會變得完全無法施展，而只忙著解決眼前的問題。換句話說，視野會在瞬間變狹隘，只能顧及眼前的事。所以，保持從容的心情不只能提高工作品質，還可以防患失敗於未然。不過，從容的心情只能靠自己創造。

想擁有從容的心情，必須事先為自己安排從容的空檔時間。若老是懷抱著被時間追著跑的緊湊思維，不可能創造出從容的心情。

習慣安排從容空檔時間的人，若與人有約，一定會提早抵達，並保持從容平和的心境。然後再以笑臉迎接對方，自然地與對方閒話家常。

另一方面，不會安排從容空檔時間的人，與人有約時都壓點才抵達，話匣子總是從「對不起，讓您久等了」開始。接著匆忙地把筆記本攤在桌上，邊擦著汗，以僵硬的表情開始彼此的對話。

如果這是在談生意，後者的成功機率可說是相當低。確保從容空檔時間是提升工作效率及品質的重要習慣。若計畫太緊湊，請改變計畫的優先順序，安排空檔時間。

工作筆記

從容的心態是靈感的催化劑，可以提升溝通品質、視野及遠見。即使發生不可預期的意外，也可以利用從容的空檔時間當作緩衝。

習慣31

有限時間怎麼去蕪存菁？得列出3件今日要事

前幾天，我接受了倍樂生❸公司的專訪。雖然這家公司專門出版兒童學習教材與期刊，但採訪的主題卻不是與兒童有關的話題，而是為家長撰寫手冊一事，主題是「擬定今日重要事項」。

現在的小學生作業多，有些還要進行線上函授教育，或是學習才藝、參加社團活動，忙碌程度不輸給上班族。

❸日本期刊出版業，其著名出版刊物為《巧連智》。

在這樣的教育風氣之下，愈來愈多家庭為了讓孩子確實習得課內與課外知識，而開始親自加強指導。

這時，如何依照事情的重要程度安排優先順序，就變得非常重要。倍樂生公司就是為了這個問題來採訪我。

我建議由親子一起決定「今日要事」。今日要事是指儘管再忙，也一定要抽空完成的事項。不只是小孩，大人也適用這個方法。我每天為自己安排三件務必確實完成的工作。實際上，一天要確實完成的工作很多，但我特意只安排三件事。

在有限的一天中，若只需要做好三件事，就不會有任何一項工作完成得馬馬虎虎，並且容易留下好成果。

工作本身有廣度及深度，所謂廣度指的是工作量，深度則是指工作的完成精準度。該如何拿捏兩者之間的平衡，對成果也會有所影響。當工作累積過多，我們就會忘記在廣度與深度之間取得平衡。

看到眼前有大量的工作，我們會想要賣力工作，一鼓作氣全部完成，有時候，甚至因為過度專注於某件事，而草草完成其他工作。

為了避免這些情況發生，一定要想好每天的今日要事。事先擬定好今日要事後，所投注的時間、心力及體力比重就會產生變動。

我自己會把八成的時間、心力及體力用在三件今日要事上。而且，我還會要求那些工作的深度及精準度。反過來說，對於其他工作的精準度，則不那麼要求。

我曾聽別人說：「專家不是每項工作都要追求精準嗎？」不過，我並不這麼認為。如果每項工作都要求精準，就會變成每項工作都虎頭蛇尾。畢竟時間、心力及體力有限，沒辦法無限使用。

然而，我們身邊有許多無法虎頭蛇尾的工作。像是開會、討論工作的方向性時，最好多花一點時間仔細與部屬溝通。製作教材企劃書時，因為要不斷在錯誤中嘗試，所以也需要多花一些時間。

在處理這些工作時，如果手邊還有許多其他該做的事，就會變得無法專心，導致每件事都只做一半。因此，得要求今日要事的精準度，並割捨其他工作。因為若所有工作都要求完美，反而會一事無成。

如果你交出只做一半的工作，大家對你的評價會變差。此外，若你屬於事事追求完美的類型，感受到現實與理想之間的落差後，便會變得失落又沮喪。

與其如此，不如先想好今日要事為何，然後竭盡所能地將時間與心力投注於此，把事情做到盡善盡美，反而能贏得高度評價，自己也會很有成就感。

沒有這個習慣的人，往往什麼事都只處理一部分，到最後卻沒有妥善完成任何事。導致經常被周圍的人催促：「那件事處理得怎麼樣了？」

相反地，有這個習慣的人就可以安心且專心地工作，並在下班前很有成就感地完成工作。

工作筆記

工作本身有廣度及深度，廣度是指工作量，深度則是指完成精準度。該如何拿捏兩者之間的平衡，對成果也會有所影響。

習慣32

用「一年半計畫法」，依循計畫、執行及回顧留下戰績

我的經營計畫週期是五年，為什麼訂為五年呢？因為這五年的時間，我可以自己勾勒經營模式。不過，如果站在公司員工的角度來看，就無法像我一樣擬定長期職涯計畫。

即使你下定決心要在某個部門待三年，說不定某一天就突然接到人事異動命令。因此，上班族被分配到新部門時，可以擬定「一年半計畫」，並將一年半分成三個階段。第一個半年是計畫階段，第二個半年是執行階段，第三個半年是修正與回顧階段。

為什麼我會建議擬定一年半計畫呢？根據我的經驗，員工待在一個部門的時間平均約為兩年，在約兩年的時間裡，若能分成計畫、執行、回顧三階段來完成工作，效率便能大幅提升。養成這個習慣後，長期策略的成功率將確實上升。

如果能在最初半年好好掌握現況，並且視現況擬定計畫，就可以順利安排每項工作的優先順序。接著，在第二個半年的執行階段就可以全力以赴，效率也會有所提升。然而，計畫都需要修正，所以在導入方法時，讓方法定型及繼續維持，也是非常重要的流程。

就如以上的說明，如果能在一年半的週期當中，讓這三個階段有效且順利循環，自然就容易得出好結果。

那麼，若沒按照這個週期行動，會是什麼情況呢？假設有個員工被分配到新部門後，馬上擬定計畫並著手執行。但因為尚未掌握現況，貿然執行計畫會遭逢不夠周全明確的狀況，可能出現反對聲浪，阻礙計畫進行。

此外，如果沒有花半年的時間審視實行結果，就無法準確檢驗成果。所以，我認為要有半年時間用在回顧與檢驗。綜合以上所述，將一年半的時間平均分成三個階段，是最好的週期安排。

然而，組織難免會有異動。根據我前一個工作經驗，從就任到調動的平均期限約為兩年。許多人都是接到調職通知後，才知道自己在該部門的任期是多久，這時候才想擬定計畫，已經太遲了。

因此，應該要自己設定任期期限，然後在這段時間內，有計畫地規劃時間運用方式。我自己不管待在哪個部門，都是自行在心中決定任期，然後預想這段任期內想完成的目標，再將時間倒推回來以擬定計畫。而這個計畫的時間框限就是一年半。

各位看到這裡或許想問：「為什麼是一年半？」假如任期是兩年，卻將計畫框限設定為一年半。多出來的半年要做什麼呢？

這個問題非常好，我將剩下的半年設定為「交接期」。先做好交接準備後，任何時候都可以迅速交接，也不會變得手忙腳亂。

如果任期超過兩年，可以把之前的一年半計畫再重新循環一遍。如此一來，更容易在任內留下不錯的成績，也能安穩地朝下一個目標邁進。

決定好自己的任期後，便可以設定長期課題，並確實執行這個長期任務。換句話說，可以把解決長期課題的優先順序往前挪。而且，這麼做也可以避免每天將時間只花在眼前的工作上，等回過神來什麼成果都沒留下，又被調到其他部門的狀況。

只要在組織中工作就有任期的問題。每個人對於工作抱持的態度不盡相同，有許多人只求安穩度過任期，不要發生任何失誤。

但是，只求安穩的人，在回顧過往的職場生涯時，究竟會留下什麼呢？我認為，每天只持續處理眼前事物的職場生涯毫無價值。

我之前曾擔任某家店的店長，並利用兩年時間大幅改革店裡的運作模式。我特別將心思放在早班工讀生的補缺體制，以及檢查商品保存期限。

結果，由於為大家營造輕鬆愉快的工作環境，早班工讀生的離職率大為減半。而且，我離開這家店後，過了五年再次造訪，發現當時擬定的作業模式被保留了下來。

再次造訪時，我問當時的店長營運狀況如何，他說：「這家店的工讀生流動率低，客訴也很少，您真的幫了很大的忙。」我聽了非常開心。

擬定短期計畫或許也可以創造出短暫的成果，但是如果想創造加倍成果，必要的方法就是擬定長期計畫。而若未事先設定好自己的任期，就很難擬定長期計畫。

沒有擬定長期計畫習慣的人，在職位異動時，若被繼任者問：「留下哪些成果？」很容易啞口無言。相反地，習慣擬定長期計畫的人可以清楚地告訴繼任者，自己創造了哪些戰績。

我們要追求的不是任期中能做到什麼，而是自己能留下什麼。然而，要留下戰績必須擬定長期計畫，每天照計畫行事，並不是得過且過就可以自然達成。

因此，工作時應該要自行擬定優先順序。

工作筆記

或許短期計畫也可以創造短暫成果。但是如果想創造出加倍成果，必要的方法就是擬定長期計畫。而在這之前，必須先設定好自己的任期。

習慣33

開始上班前的10分鐘，調整工作進度與做準備

我們公司的上班時間是上午九點，九點一到就開始進行早會。雖然早會短短五分鐘左右就結束，但不要看輕這短短的五分鐘，一定要善加利用。早會最重要的目的並非表達自我意見，或是聽取聯絡事項，而是觀察每位員工的臉色和表情。

為什麼確認員工的狀態很重要？因為**當天的身體或精神狀態會對工作進度造成莫大影響。**

舉例來說，若我必須找部屬討論某件重要的工作事宜，但是部屬心情不佳，

討論就很難會有好結果。此外，當部屬臉色陰沉、看似不悅時，很可能受心情影響而做錯事，甚至連帶地影響他人工作。

所以，**我會利用早會時間觀察每位員工的狀態，掌握下達指示的時機，以預防問題發生，讓工作得以按部就班地順利進行。**

大家應該都有過類似經驗：本來已獲准的專案因為主管心情不好，而遭到否決。由此可知，人真的是感情動物。因此，如果希望工作能迅速完成，且得到不錯的成果，時機點就顯得非常重要。透過觀察對方表情，就能掌握適當的時機點。

心情從容時，臉部的表情會很和諧。當對方一臉不悅、露出「生人勿近」的表情時，他可能正在忙碌。由於能否確實掌握行動時機點，會影響工作的完成速度，因此平日就應養成觀察周遭狀況，再決定採取何種行動的習慣。

或許有人認為：「不需要特別在早會的時候觀察大家吧？」不過，我會選擇在早會時決定行動時機點，其實是有兩個理由。

第一個理由是，早會時大家會停下手邊工作。即使是需要調整當天進度、向其他人求助的員工，也會暫停手邊的工作。我認為這時候就是行動的時機點。

工作到一半時，如果有人來請教問題或要求協助，一定會感到不太開心，臉色也不會太好。因此，對於想向他人尋求協助的人來說，早會就是個不錯的時機點。

第二個理由是，調整工作進度或事前準備作業也需要費盡心力。如果工作調整不順，可以利用早會時間讓自己先冷靜下來，再仔細推估進行調整的時機點。

要是在接近下班時間的傍晚時分，才想到找人幫忙，通常對方心裡會覺得：「怎麼會在這個時候才找人幫忙」。還有另一種可能是，對方雖然想幫忙，但是傍晚時分較為忙碌，恐怕心有餘而力不足，甚至不免在心裡嘀咕：「為什麼不早點說呢！」

相反地，在早上開始上班前的十分鐘要求對方幫忙，成功機率會比較高，這是讓工作可以按照計畫進行的訣竅。

我在之前的公司就養成這個習慣，我會提早到公司，在上班前與主管把該調整的事項處理完畢。主管會幫我聯絡大家，有時候很快就能完成一天的工作。

我認為**不用等上班後才開始調整工作進度，而是要在上班前就盡早結束這項工作。**

確實做到這一點的話，工作不僅能進展地更順利、不會麻煩到其他人，也能讓別人能安心工作。這就是調整與事前準備作業的真髓。

習慣在上班前就調整完工作進度的人，會在跟大家道早安時，帶著微笑向對方分享資訊或委託工作，早會時也踴躍發言。然後，一旦開始工作，就會全神貫注、全力以赴。

另一方面，沒有這個習慣的人早上到公司後先看手機，早會時也只聽而不發言，開始上班後才著手處理調整進度，因此無法安心地坐在椅子上處理工作。這種人還有個特徵，就是工作速度慢而且效率很差。

只要利用上班前十分鐘處理工作上需調整的事，就能提升工作效率與品質。

請各位一定要嘗試這個方法。

工作筆記

不用等開始上班後才著手進行調整工作，而是在上班前就調整完畢，如此一來更能全神貫注於工作中。

WORKING NOTE

/ / /

後記
想做的事就趕快去做，就是邁向成功的第一步！

首先感謝各位看完這本書。我在寫原稿時，曾和責任編輯有過以下的對話：

「老師，請問您可以用以往二分之一的時間，完成這本書嗎？」

「什麼？用二分之一的時間？」

「是的，這樣能向讀者證明您確實實踐了書中介紹的方法。」

當時我的心情相當複雜，覺得像被主管告知：必須要在不加班的情況下，用二分之一的時間完成工作。真是強人所難！

不過，我認為編輯的這番話很有說服力，值得我挑戰看看，就抱著好玩的心態接受這個企劃。我把它當成一個機會，改變我原本一板一眼的做事態度。

該怎麼做才能提升工作效率呢？首先我把費時的工作羅列出來，例如：想點子、找題材、刪減字數等，都是相當費時的工作。老實說，因為遇到了瓶頸，某些章節我重寫好幾次。現在回想起來，說不定重寫的時間最為耗時。

我從否定自己過去的行事模式開始，甚至毅然決然地改革自己認為不可侵犯的底線部分。曾經看過我之前作品的人應該會發現，這次我沒有說故事，也沒有放上籃中演練的具體問題。少了這些部分，我可以節省三分之一的時間。

此外，編輯也提醒我：「一旦要求速度，品質就會變差。」他說我的寫法變抽象，而且文字表現變複雜，最嚴重的問題是語調變得負面。

編輯告訴我，我現在的語感是「不做〇〇，就會導致嚴重失敗」的負面模式。他建議我，如果將負面模式改成「做了〇〇就會成功」的正面積極語句，讀者看完書後才會留下好印象。我只好一邊抱頭沉思自己犯錯的部分、一邊修正，繼續執筆寫下去。

因為改變長年既有的寫稿方式，剛開始相當不習慣，總覺得經常遇到撞牆期，但是我很開心自己勇敢接受改變與挑戰。

在此同時，我也把這個方法套用在其他同時執筆的原稿中。我希望各位在閱讀本書時，會產生各種想法，甚至出現忠言逆耳的效果。

我認為改變絕對需要外在的刺激，我是因為編輯的指正，才想改變原有的方法，並得以繼續撰寫本書。如果本書能成為讓各位想要改變，或接受新挑戰的契機，我真的會感到無比開心。

本書終於進入尾聲。我打算在關西機場的貴賓室寫完最後的部分，然後回到家後，著手開始寫新書，這就是現在我想做的事。

我認為工作最好的獎勵，就是能做自己喜歡的工作。為了能去做下一件喜歡的事，會盡快將手邊的工作處理完畢。請各位一定要為了能做喜歡的事，好好安排自己的時間。

最後，謝謝編輯鯨岡先生，以及所有給予協助的人，因為有你們，這本書才能成功付梓。此外，我想向閱讀本書到最後一頁的讀者，致上最高的謝意。

謝謝各位。

WORKING NOTE

/ / /

國家圖書館出版品預行編目(CIP)資料

TOP 6% 成功者都在實踐的貪心工作術：刻意養成 33 個習慣，啟動「速度快又品質好」的高績效循環！／鳥原隆志著；童唯綺、黃瓊仙譯. -- 臺北市：大樂文化，2018.12
208 面；14.8×21 公分. --（Smart；79）
譯自：仕事のスピードと質が同時に上がる 33 の習慣
ISBN 978-957-8710-02-3（平裝）

1. 工作效率　2. 職場成功法

494.01　　107020554

Smart 079

TOP 6% 成功者都在實踐的貪心工作術

刻意養成 33 個習慣，啟動「速度快又品質好」的高績效循環！

作　　者／鳥原隆志
譯　　者／童唯綺、黃瓊仙
封面設計／蕭壽佳
內頁排版／顏麟驊
責任編輯／劉又綺
主　　編／皮海屏
發行專員／劉怡安、王薇捷
會計經理／陳碧蘭
發行經理／高世權、呂和儒
總編輯、總經理／蔡連壽

出 版 者／大樂文化有限公司
地址：新北市板橋區文化路一段 268 號 18 樓之1
電話：（02）2258-3656
傳真：（02）2258-3660
詢問購書相關資訊請洽：2258-3656
郵政劃撥帳號／50211045　戶名／大樂文化有限公司

香港發行／豐達出版發行有限公司
地址：香港柴灣永泰道 70 號柴灣工業城 2 期 1805 室
電話：852-2172 6513　傳真：852-2172 4355

法律顧問／第一國際法律事務所余淑杏律師
印　　刷／韋懋實業有限公司

出版日期／2018 年 12 月 17 日
定　　價／260 元（缺頁或損毀的書，請寄回更換）
I S B N　978-957-8710-02-3

大樂文化

大樂文化